别放弃，小豌豆

【韩】郑宪载 著
陈钰 译

畅销
修订版

江苏凤凰科学技术出版社 凤凰含章

图书在版编目（CIP）数据

别放弃，小豌豆 / (韩) 郑宪载著；陈钰译. -- 修订本. -- 南京：江苏科学技术出版社, 2014.7

ISBN 978-7-5537-3224-4

Ⅰ. ①别… Ⅱ. ①郑… ②陈… Ⅲ. ①成功心理 - 青年读物 Ⅳ. ①B848.4-49

中国版本图书馆CIP数据核字(2014)第107242号

江苏省版权局著作权合同登记 图字：10-2014-173号

别放弃，小豌豆

著　　者	【韩】郑宪载
译　　者	陈　钰
责任编辑	张远文　葛　昀
责任监制	曹叶平　周雅婷
出版发行	凤凰出版传媒股份有限公司 江苏凤凰科学技术出版社
出版社地址	南京市湖南路 1 号 A 楼，邮编：210009
出版社网址	http://www.pspress.cn
经　　销	凤凰出版传媒股份有限公司
印　　刷	北京旭丰源印刷技术有限公司
开　　本	880 mm × 1230 mm 1/32
印　　张	8.5
字　　数	100千字
版　　次	2014年7月第1版
印　　次	2014年7月第1次印刷
标准书号	ISBN 978-7-5537-3224-4
定　　价	35.80元

图书如有印装质量问题，可随时向我社出版科调换。

别放弃，小豌豆

邂逅了爱情，

痛心分手，

怀着伤痛欲绝的心情再次出发，

然后……再一次邂逅爱情。

虽然无法预知这段旅程将如何继续，又将通向何方，
虽然无法知晓途中会有多累，又会有多痛，
但我不愿停下脚步，我想一直走到最后。

你和我，别停下来。

前言

满怀着希望，体味着爱情，寻找着梦想，记忆下笑容。

每天我都要面对许许多多的事情，但每天我都会选择逃避。
每一天希望都与绝望相互纠缠，
每一天幸福都与不幸交替并行，
每一天喜欢和讨厌的东西都会反复出现。

光明与黑暗，幸福与不幸，每个白天都是幻想，每个夜晚都是现实……
因为不能将这些混淆，因为认定这样的想法，因为愿意相信信念，
所以一切才变成现在的样子。

想要如此，
就不要放弃希望，
不要错过爱情，
不要抛弃梦想，
不要失去笑容。

若是没有放弃希望，你就能在温暖的阳光中漫步，
若是没有错过爱情，你的身边就会一直有那个人的陪伴，
若是没有抛弃梦想，总有一天你会梦想成真，
若是没有失去笑容，你的人生将充满快乐。
如果生活将一直这样延续，
就不算停下了旅行的脚步。

来吧！从此刻起，你和我，一起开始这段漫长的旅途。

目录

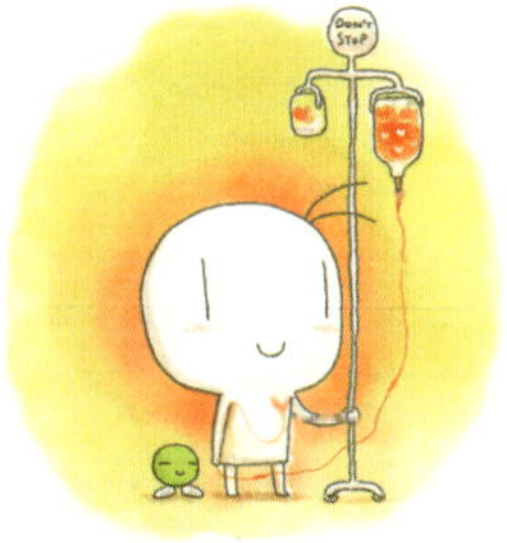

“在你的旅途中，
肯定会发生很多让人感到疲惫的事情，
可能还会碰到，
完全意想不到的事情，
即便如此也不要失去希望，
不，是不要放开希望……
不论何时选择权都在你的手中，
在你放手之前，
希望是不会消失的。”

不要停止希望

希望01 “绿色希望”胜过“红色不安”

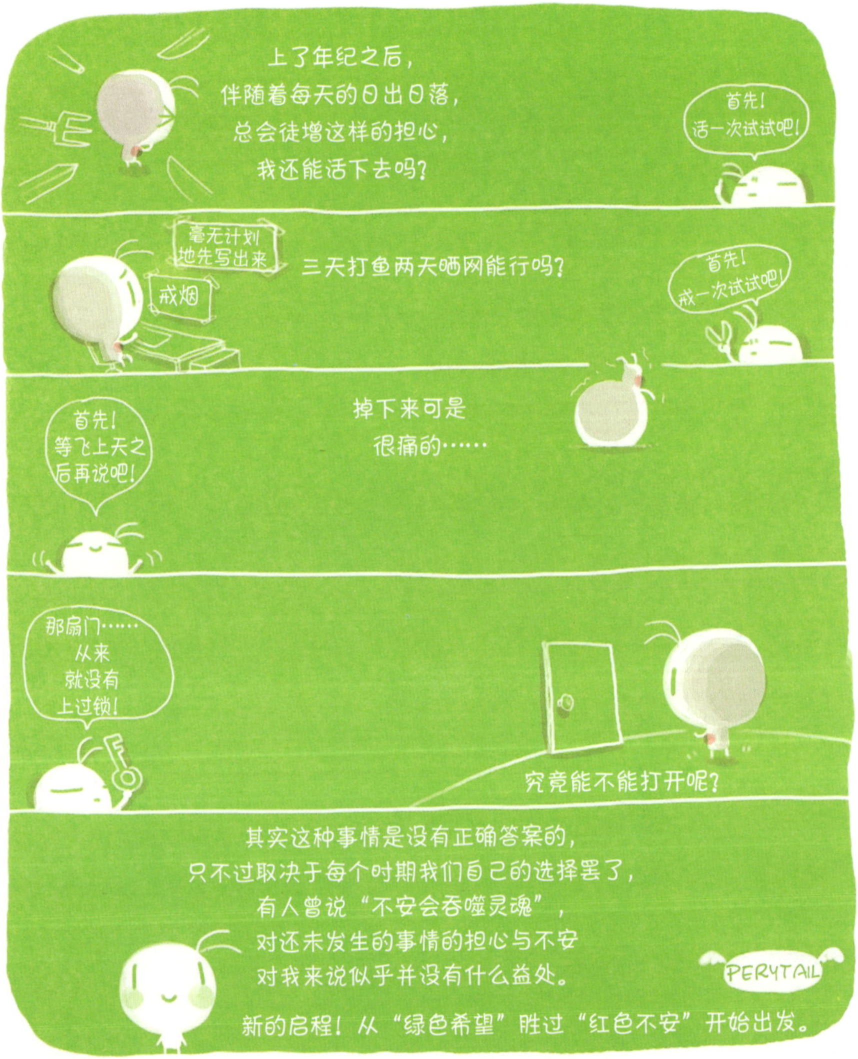

希望 02

呵护希望

当希望膨胀之时，
恐惧也会随之膨胀。
若是想用希望来躲雨，
就理应承受阳光也会变少的代价，
虽然孕育希望很重要，
但不让希望坠落也同样重要。
不要让你与希望，渐行渐远……
更不要让它坠落在地，
学会呵护你的希望……

你所说的

和你在召唤的

“我实在不知道该怎样变幸福……”
如果你也刚好这样想，并且还在说话之间微微地摇头，
那就说明你正在欺骗自己。
因为你了解得太多，所以才会变得如此不安，
因为你太过确定，所以才不敢承认一些事实。

“不可能这么简单啊！”
因为存在这样的心理，所以才会变得焦虑不安，
虽然看起来真的滑稽可笑，
但我还是在不知不觉中喊出了这样的话语：
“这样的幸福还不够，
这样并不算幸福！”

不安会在一瞬间，
将一切覆灭，包括灵魂。
在一瞬间，
将幸福与不幸转换，
在一瞬间，
将希望引向绝望的深渊。

不安会颠覆所有想法和价值，并将一切吞噬……
为了从“不安”中逃脱出来，
我们会倾其所有。
为了挣脱这种不安感和恐惧感，
我们将目标放在意想不到的角落，
终日为寻找逃生的出口而彷徨不知所措，
最终那个叫时间的家伙
一点点将我们的人生吞没。

如此一来，我的幸福灰飞烟灭，
如此一来，我的幸福渐行渐远。

我无法排遣掉内心所有的不安，
但当我想要从不安中释放出来时，
就将去寻找希望来冲淡这份不安的情绪。

不要让不安将自己吞噬，
不要让恐惧的情绪充斥着自己，
不要让绝望的话语常萦绕耳边。
你的所想所言、所作所为，
都将成为你人生旅途中的向导或是同伴。

希望03

成为力量的记忆

过去的“记忆”会给“未来”的人生平添微小的力量。

过去的
那些记忆

因为习惯的原因，每天都会信手写下一些微小的记录，
所以在翻看**过去的那些记忆时，**真觉得是一件很棒的事情。
虽然记忆里难免有伤痛和辛苦，
但若是没有熬过那段日子，
在当初就停下脚步，也就不会有今天的自己了。
因为坚持，所以才拥有了今天，
这样的记忆，也就是**美好**的回忆啊！

虽然明天才是未来最好的归宿，
但是支持我走到明天的，
正是**过去的记忆和生活的点滴。**
试着翻出旧时的回忆，
让那些模糊不清的记忆渐渐清晰起来，
这些日渐清晰的旧照，
会成为我们日后生活下去的巨大动力。
翻阅一遍旧时的回忆，
那些担心，那些争执，也都会冰雪消融。

当我们失去了前往未来的动力，
就暂借一下**回忆的力量**吧！

希望04

只属于我的那道墙

别人做起来轻松自如的事情，

对我来说，却感觉如万丈高墙。

会跟着我的脚步一路走来的那道“活着的墙”。

啊……
为什么只有
我有。

为什么
就只跟着我！
为什么就我
一个人有！

总有一天，
会迈出第十年的旅程

我有10年左右没有见过大海了，
最后一次正式旅行距今天大概也有15年了。
出于一些原因，
旅行对于我来说已经成为一种奢侈。
我好像真的是抽不开身，
这次由于写书的原因，
我才有机会重睹大海的芳容。
暌违十年再见到大海，
我并不觉得有多委屈，
不过，还是觉得自己不该错过旅行。
虽然对于别人来说轻而易举，
但对于我来说，却很难办到。

尽管如此，我依然相信，
只要不放弃希望，勇往直前，
就一定能抵达那个地方。

因为跟随着我的那道墙的大小，
并不是始终如一的。

希望05

关于积极的哭泣

要流眼泪就"痛快地"一哭到底！

痛快地
其实，不久前∧所以我非常"积极地"∨大哭了一场。
发生了一件令我难过的事情，

（真是！很像个白痴！）有时也知道男儿有泪不轻弹。

要是难过了，大哭一场也无妨，看到悲伤的电影会鼻子一酸，发生有趣的事情又会嘿嘿嘿地傻笑，就该这样的！！

总是把感情憋在心底，是真的会憋出病来的。

像这样痛快地大哭一场
就称得上是“积极的哭泣”。

我那“积极的哭泣”在2000年的某个晚上瞬间爆发。

在那之前，我……

满脑子都充斥着这样的想法，

※也可能因为这个，我的肛裂才老不见好。

我只当咬牙忍过去就是“正确答案”了。

那你这段时间
就从来都没哭过吗？
不是。
不是。
哭倒是哭了，但是“心
底总觉得不该如此”，
这种想法总是在脑海里
盘桓……
没有痛快地
哭上一次。
痛快地？
然而在
2000年的那个
晚上……

忍无可忍无需再忍，泪水在那一夜决堤，将这段时间累积在我心中所有的疙瘩吞噬得干干净净。

真的！有时候我们真的需要那种痛哭流涕，
那种能将一切不快乐都带走的哭泣，
我觉得能够荡涤心灵的强大力量，
唯有“痛快地大哭一场”了。

希望06

不管是谁

不管是谁肯定都经历过辛苦的时期，
当然我也有过这样的日子。

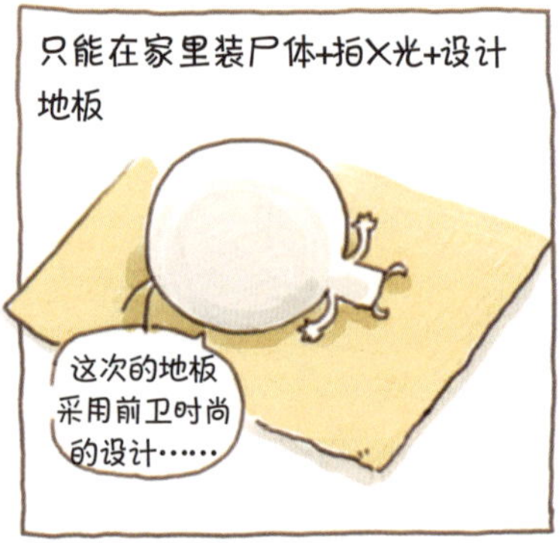

虽然现在可以当玩笑说给别人听，
但在当时，就连1999年地球没有毁
灭，我都埋怨万分，伤心懊恼。
（虽然这想法的确挺糟糕的）

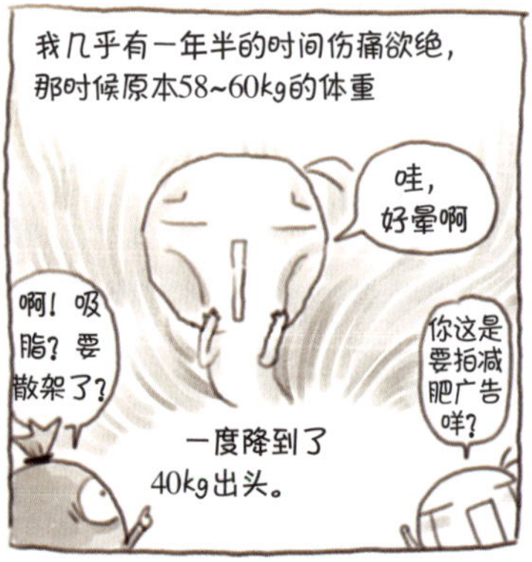

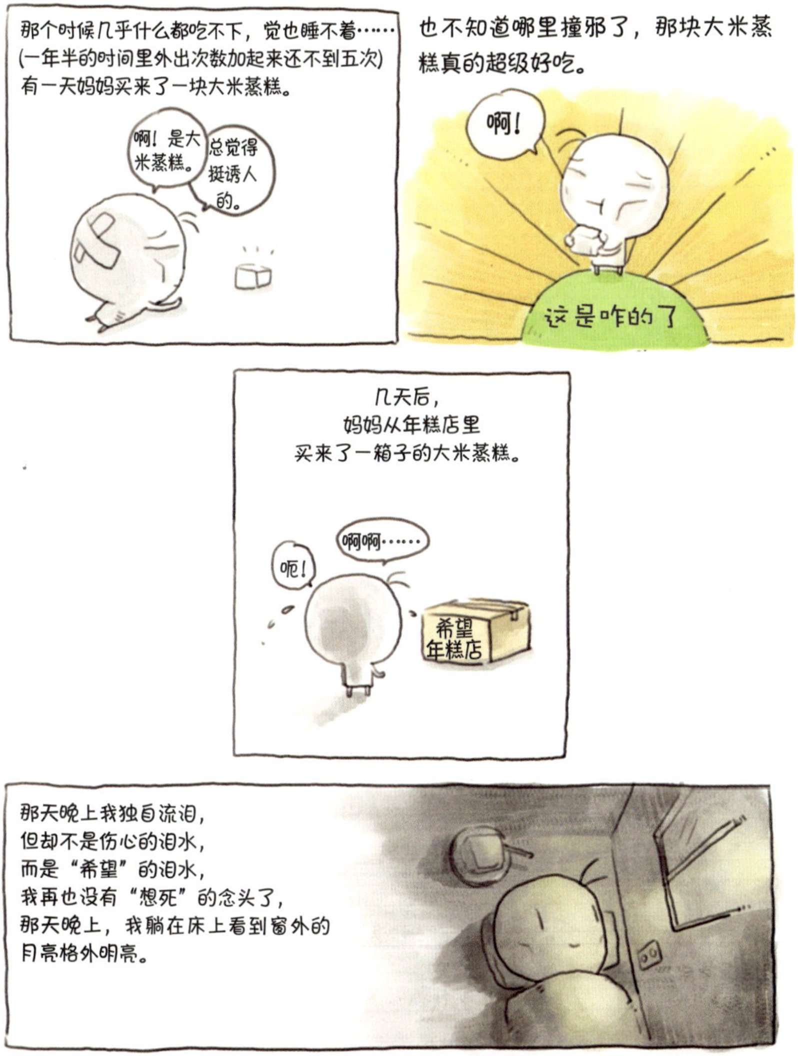

不管是谁，都遭遇过辛苦的时期，
不管是谁，都会走过这段艰辛，
并看到与此同行的“希望”。

希望 07

真是万幸

只要没掉队，
我就已经觉得万幸了。

能够暂时喘息一下，
而且时间也不是受限的，
这已然又是万幸。

并不是完全地掉落谷底，
还可以重新出发，
这更是万幸。

若非如此，那我会自己卸下行囊，
这样产生的伤痛，
是我完全可以承受的。

但是，
至少还没有掉队，
就真的算作很幸运了。

都会过去的

在超过三十年的时间里，
若说我真的学到了什么，那便是这一点：

好事不会连绵不断，
坏事也不会源源不绝。

只不过这些事情发生的次数
和持续的时间长短有所不同而已。

只要**没被束缚住就好，**
只要**没有停下来就好，**
只要**没有一直不停地哭**就好。

希望08

支离破碎

话
承受伤人的话语。
呜呜！
被人所伤，被爱所伤。
乓！
嗖～
被无法估量重量的铁锤所伤。
即便被伤得支离破碎，只要不忘记微笑，不管什么时候，你都可以重新出发。
哈哈哈！这种程度对我来说是小CASE啦！
啊！那要不改天再……

你，
还活着吗？

一天又过去了，
现在时钟指针走过了凌晨三点，
当我完成这篇文字的时候，
估计已经开始全新的一天了，
再过两个钟头，太阳就要微微露头了。

虽然我一直都像现在这样在清晨入睡，
但不久前无意间看到的日出景象却让我难忘。
其实也并非那次日出有多特别或多了不起，
抑或是发生了什么新鲜的事情。
太阳还是照常升起，我为了睡觉拉上了厚重的窗帘，
阳光透过窗帘的缝隙洒了进来。

我拿着新置办的小相机，慢慢地按下了快门，
还没照上几张，太阳就冉冉升起了，
然后我放下相机，呆呆地凝望着。

若是现在不去看，
就会错过那些风景。
那些透过照片也无法逆转的时间……
我就只是呆呆地凝望着。

虽然并没有发生任何事情，但我的心情却变得有些奇怪，
又不是正午时分灼热的阳光，
但我的胸口附近却是一片滚烫。

这只是一个平凡的清晨，
这只不过是在每天相似的时间升起的太阳，
可我却说不出这是怎样的一种感觉。

于是我仔细地想了又想，
那便是**“活着”的感觉。**

我实在是太过疲累，很长时间都没能入睡，
我躺在床上，辗转反侧了许久，
回想起了过去一桩又一桩的事情。

曾经害怕清晨到来的时候，
曾经期待自己一睡不醒的时候，
曾经希望心底不要碰触哪怕一丁点儿阳光的时候，
曾经对一切持否定态度的时候，
曾经想要结束过往的时候。

但我还是活下来了，
现在想来，当时的痛苦与疲惫还会让我胆战心惊，
但我还是活下来了。
所以我才能像现在这样看到“第二天的清晨”。

我的脑袋好像一下子就清净了，
那些错综复杂的事情似乎被一一整理归位，
找到了它们应该待的地方。
可是，说不定再过一段时间，我的人生又会变得杂乱无章，
到那个时候我可能会不知所措，
长叹一声准备放弃。

若是想要看到第二天的清晨，
就必须一直“活下去”。

我回想起自己想做的事情，
又想起了想见的人，
我回想起那些被生活埋没的梦想，
回想起那些看似不必要
总有一天会弃之如敝履的笑容。

之前我一直消极地让自己自生自灭，
直到现在我才倍感抱歉，
对那个想要开口说活下去的自己，
对那个我当死人般对待的自己，
我真的越来越感到抱歉。

一觉醒来，似乎所有的一切都改变了，
漫长的昏暗生活结束了，我迎来了全新的清晨。

“你，还活着吗？”

不要回避，去敲一敲

“当遇到苦恼和问题的时候，不要去回避……
你的避难处可能会掉落其他烦恼的石头，
再次回避，也可能还会产生新的问题，
如此一来，浪费的只有你自己的时间……
而那些没有解决的问题和苦恼可能早已堆积成山，
去敲一敲你的苦恼和问题，去和它们搭个话……
这说不定会成为解决问题的‘第一道曙光’。”

希望10

说一说，再说一说，还是再说一说

说一说希望。

再说一说希望。

还是再说一说希望。

某一天，专属于你的“希望的空间”会变得非常宽广，
而“拓宽空间的人”和“缩窄空间的人”都是你自己。

希望 11

对你来说#1

对你来说，这扇门是关着的还是开着的？

希望 12

对你来说#2

有人告诉过我，说这是太阳落山的样子。

还有人告诉过我，说这是日出的样子。

希望13

选择

这是你遭遇的第几次恶劣天气？

停下脚步，开始考虑是不是该等这糟糕的天气结束。

下决心望着天空，一直等到雨停为止。

积水开始变得越来越高。

……

现在就算想要抬起脚步也无法前行了。

希望14 一半

对我来说“一半”的意思就是很多。

对我来说“一半”就如同光和影一般，是希望和绝望的交叉点，
要放弃吗？还是要重新开始呢？
那是放弃和尝试的分岔路。

我曾经想过，现在是否就是我人生旅途的一半，
翻开已经过去的一半页数，凝望着日后即将走下去的那些页数，
再次站在路途的中央，
不再垂头丧气，不再畏首畏尾，
在剩下一半的时光里，我依然想要凝望着天空笑着奔跑\(^o^)/。

不知不觉走掉的一半，还有剩下的一半

仿佛在昨天才刚刚开始的一年，
这么快就已经**溜掉了半年。**
星期天的下午，我孤零零地坐在办公室里，
做着这样那样的工作。
我在筹划着接下来六个月的计划，
脑袋暂时放空，想到这个问题：
“就算是这么做，一切不还是会变成无用功吗？”
虽然我一直都制订计划，
但人生不就是喜欢不按常理出牌吗？

我想，大概正是这种想法越来越多，
才导致原本计划好的事情中途告吹。
我总是会经历失败，
始料未及的不幸事件总是不断重复，
于是我渐渐有了这样的想法。
在我最初计划的事情当中，
有很多事情会中途告吹或违背了我的初衷，
相反地，也有一些事情是按照我的设想进行的。

从大的角度来看，这明显是不平衡的，
因为没有照计划进行的事情更多，
我忽然想到了“命中注定”，
但又将其揉皱后扔进了头脑中的垃圾桶，
因为这是个无趣又泄气的想法。

大家想一想，
自己计划过的事情出现了偏差，
正是辛苦难过的当口，
我却还产生了这样的想法，
非要将自己憋到无路可退，不是有点太残酷了吗？
虽然作为人，多少都会有过这样的想法，
但还是自嘲一下，然后统统扔进垃圾桶吧，
这个想法不宜久留。

命运这个东西似乎是存在的，
我说的是**不同选择产生的命运，**
不是注定的命运。
是某些想法、某些选择、某些行动，
外加几个适当的时机和
几个适当的外部要素，
谱写出的不断变换的人生。

我不知道这其中哪一样的作用更大，
还是在不同的情况下会有所不同，
可它的变数却如此之大，如此具有活力，
可见命运是由许多数不清的数字构成的，
所以它并不是注定的。
我们要做的是竭尽全力地去努力，
每次尽可能做出最佳的选择，
尽可能地减少自己的后悔，
然后在事发后懂得负责和接受。

不论何时，当过去一半时，记得回头看一看，
如果过去的那一半就好像某种注定的命运般，
那么接下来的一半“命运”，
你可以重新书写看看。

希望15 希望一直都是灯塔

我们总是会在眩晕复杂的情况下发现希望。

但在那若即若离又伸手不可触及的距离之间，
它仿佛就要消失不见，
所以希望总会给人带来失落感和些许的悲伤。

但希望依然是灯塔。
要为我指明方向，理应存在于离我一定距离的地方。
因为若是离得太远，就会提前放弃，
若是离得太近，就会误以为自己已经挣脱了困境，
其实，很可能会跌入万丈深渊……

会收卷残云的微风，
会舒展我复杂心绪的双手，
给予我力量，支撑我迈出下一步的，
对我来说，依然是希望的灯塔。

信号

如此渴望信号出现的我……

在许多人的帮助下，我亮起自己的灯光。

当周围一片明亮时，就会觉得自己本来就很了不起，
很快就将周围人的帮助忘记，认为那些灯光都是本就存在的，
自己如此渴望寻找的“希望的光亮”，那些“应当感谢的人”，
一瞬间都沦为了“理所应当”。

然后“理所应当”的我会再次坠入黑暗。

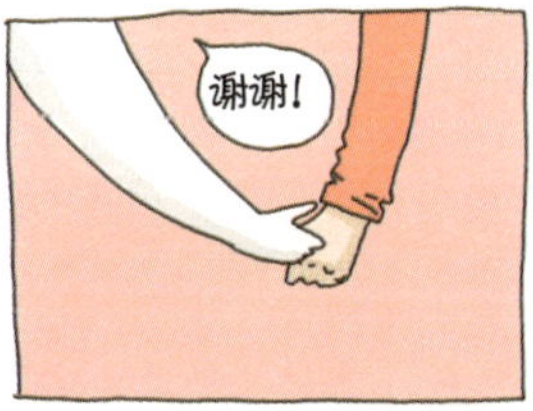

若是能够独自点亮灯光，
若是能够独自找到希望，
在事情的最初压根就
不会想到“绝望”这个词。

希望的大小，几缕灯光

当坠落到那无尽的绝望中时，
我迫切地渴望“希望之光”的照耀，哪怕只有一缕也好。
我开始焦急地寻找，
但是当我真正找到希望的光亮时，
却发现自己正在丈量那灯光所能照耀的距离。
我总会觉得，这些希望还远远不够，
于是又开始找寻其他的灯光，徘徊不定。

哪种程度的光亮才算得上是**不错的讯息？**
哪种程度的光亮才算得上是**不错的希望？**
我开始思考，到底要照亮多少，
对我来说才是希望，才是会安心的灯光。

希望 17

若是想全部拥有

若因为是信号，因为是光，就猛扑过去想要全部拥有的话，

说不定会因为太热而灼伤或光线太强烈而蒙蔽了双眼。

其实只要能让我拥有的希望种子萌芽成长就足够了。

希望18

散步

原本用得好好的电脑突然出了故障。

正在这个当口，突然网络也连不上了！

被诅咒的路痴人生×0年，开车绝对不可或缺的“导航仪”也挂掉了。

这种悲剧下，我寄予全部希望的手机也罢工了。

突然各种东西都出故障罢工，我的
周围陷入了一片宁静。
总是等到一切都停下来以后，
才懂得环顾四周。
以前似乎也一直是这样来着，
父亲去世的时候，那个人离开的时候，
天空变阴的时候……没错，一直没有环顾四周，
我一直都没有环顾我周围的景象。
时隔很久，我释放自己的眼睛和耳朵，打算去散个步，
机器只要修修就能好，人却并非如此。
PERYTAIL

希望19

暂时停步

正跑着步却突然不知道自己为什么在跑步的时候……

正跑着步却不知道自己要跑向何方的时候……

正跑着步可周围却什么都看不见的时候……

你需要的……

是暂时停步。

第二段时间

我之所以会喜欢深夜或凌晨，
就是因为喜欢那时候的安静。
整个世界变得一片宁谧，
没有必要故意将音量放大，
也没有必要放大嗓门说话。
就算与其他人度过相同的一段时间，
我也会有种这段时间只属于我一个人的感觉。

而那一刻，
那些我没有好好看好好听好好感受的事情，
全部被我看到被我听到被我感受到了，
我将这段时间称为“第二段时间”。

我们需要这样的一段时间，
在整日的喧嚣背后，在终日的奔波之后，
我们的人生需要这样的“第二段时间”。
这里并不是单纯指物理上所说的时间，
所以没必要以自己没有闲暇时间为借口，
因为这并不是让我无可奈何的二十四小时，
而是我能够创造出来的，只属于我一个人的时间。
但这并不是要大家停下忙碌，
更不是让大家关上**热情的阀门。**

在你的第一个二十四小时中热情地生活，
然后用一天中很小的一段时间去度过第二段时间。

没必要快速走路，
也没必要快速说话，
暂时停下手中的一切，静静地环视四周，
那么你就会听到那些你没听到的故事，
也会看到那些稍纵即逝的精彩瞬间。

虽然那火热得能灼烧一切的时间很重要，
但我们也需要一段像这样可以冷静下来整理思绪的安静时间。
我们往往会执著于那火热的时间，
以为在烈火中烧伤自己可以变得更加强大，
从而燃放出比最初还要强烈的火焰。
拥有一段专属于你的安静时间吧，
不要因为火势过大而吞噬了你的全部，
虽然熊熊燃烧的火焰似乎将一切照亮，
但火声会蒙蔽双耳，灰尘会蒙蔽双眼，
说不定我们很快又被囚禁在一片黑暗之中。

既然你每天都一如既往
足够火热地度过了第一个二十四小时，
那么也请给自己一个冷却火热的
安静的“第二段时间”吧。

希望 20

你会更加……

那么，你会变得更加坚强，
也能够更快地重新振作起来。

希望21

深夜

我深夜才到家，
广播中传来
非常动听的歌曲。
停好车，我就那样静静地
在车里听歌。
刚好这时候，
噼里啪啦地下起了雨。
打在车顶、引擎盖和车窗上的
那些雨声，
和广播里的歌曲声
恰当地糅合在一起，
形成了一曲更加美妙的音乐。

我也是头一次知道，雨水的味道原来可以如此甜美。PERYTAIL

+在空气变得甜美的季节之初

空气变得甜美的季节之初

四月的凌晨，
香甜的空气透过半开的窗子飘了进来，
整个房间一室清香，
不冷不热的那股香甜的空气，
充满了整个工作室。
每年都会有这样的季节，
我却似乎未曾见过。
这甜美的空气和着风的邂逅，
让我略感委屈。

在这香甜空气四溢的季节里，
我却在今天才倍感这份空气的独特，
就是这样一处**微不足道的生活**细节，
却成了我巨大的心灵**慰藉**和**希望**。

没错，希望就如同季节一般，
总会不忘记自己的本分准时到来，
我突然觉得，
错过的实在太可惜。

“365”

如果一天都不落，即使落下一点点，
只要坚持十年也能超过3000个台阶，
只要你“不停下来”，
不管你“决定到达的地方”是哪里，
你都能抵达。

希望23

我总是

希望 24

醒过来！

当发现自己
在往地下挖掘时，
要毫不犹豫地大声呼喊！！
要用能吓人一跳的大嗓门喊，
给自己一种大吃一惊的力量，
大声呼喊！！

不管是什么都去做吧
不管做什么都没关系

是，会过去的，一定会过去的！
但是什么都不做，就这么干等着，
说不定会被这太过缓慢的时间压得喘不过气来，
不管是什么都去做吧！

为了摆脱必须待在原地的心态，
所以狠狠压着自己的头，这样一来身上的负担势必会格外沉重，
由于心房被清空，为了硬撑下去，双手会毫无目的地抓住一切，
身体也同样会被拖累。

想要转换这种沉重的心情，
就是该做些什么的时候了，你想要做什么都行。
你可以独自一人开心旅行，
你也可以奔跑到大汗淋漓，
你可以继续更加努力地做自己在做的事情，
你也可以像个疯子一样唱歌。
就算跑到气喘吁吁也无妨，
就算慢慢悠悠地走路也无妨，
你甚至可以像得了文字中毒症一般，
拿来一摞摞书，试图将一行行文字都印在脑海里。

你可以去看平时绝对不会
坚持看到结尾的枯燥电影，
你也可以闲聊一整天，
你还可以在空着的笔记本上写满文字。
只要不是伤害自己的事情，你做什么都无妨。

不管做什么都没关系。
释放疲惫的身体，
填满那颗连我自己都不知道
已然离开了的心。
只要是为了这些，
不管做什么都没关系。

我就是如此，
一开始，我也是什么都干不了，
呆呆地望着天花板什么都不做，
不，是什么都没有做。
时间流逝得太过缓慢，
伤口不仅没有愈合，反而越变越深。

迈入了这样的恶性循环链条后，
就会陷入无尽的循环，
每次转过一轮之后，
照耀在我身上的阳光都越来越少，
甚至连我能呼吸的空气也变得越来越稀薄。

昏暗沉闷得就像要死了一般，
“为什么别人都觉得足够，
就只有我会觉得不够呢？”
我在这样的思考中越陷越深，伤痕累累。

来，再次回去吧，
必须要回去，
为了回去，
不管是什么都去做吧。

只要是你能做的，不管做什么都好，
只要是能释放你的生命，
只要是能引领你走向光明的事情，
不管是什么都去做吧。

如此，时间就会更快地过去，
那些折磨你的东西就会被甩掉得越来越快，
伤口愈合的速度也会越来越快。

因此，
不管做什么，现在就开始吧。

希望 25

心潮起伏

就在昨天，下了这个冬天的第一场雪。

因为雪下得很大，整个小区
都是白茫茫的一片。
虽然我已经经历了不少次季节的变换，
但是迎接到初雪的际遇却并不多。

我在网络新闻暴雪报道中，
看到了“TMD”这样的留言，
因为我也是开车的……
也知道一下雪就容易打滑……
但还不至于说出“TMD”这样的词儿！！

夏季会有梅雨，
冬季会有白雪，
这不都是理所当然的事情吗？

更何况，不融化的雪是不存在的……
但总归是有一些不便的，
倒不如就心悖一回。

雪

看过了三十几次的初雪
现在却到了开始担心交通堵塞的年纪，
到了开始讨厌道路泥泞不堪的年纪。

到了看到雪，
就净想些有的没的的年纪，
就此遗失了那份激动。

到了看到让我心潮起伏的人也会多加揣度的年纪，
到了遇到让我兴奋不已的事也会多加顾虑的年纪，
到了这个让我不安彷徨的年纪，

到了连激动这个词都变得黯然失色的年纪，
像今天这场初雪来临的日子，
我的脑子和整个心房都被冰冷的雪塞得满满的，
凝结成一片冰天雪地。

激动的那个瞬间，
被冷冷地冻住，
任何想法都无法将我动摇。

希望 26

破碎

那些消失的东西

我第一次看到死亡是什么时候来着?
准确来讲，其实不是“看到”而是“听说”，
好像就只是一片平静。
因为那时实在是太小了，
还是不太熟悉的人的死亡，
所以，对我并没有太大的影响。

等到时间日积月累，
认识的人，曾经见过面的人，
曾经聊过天的人，也走向了死亡，
我便惊讶、哭泣、不知所措起来。

人每天都会一点点地破碎，
身体在破碎，心房在破碎，灵魂也在破碎。
我们当然也会使出浑身力气去抓住那些破碎的碎片，
但时间无法逆转，
我们抓着看不到的时针一圈又一圈的旋转。

这个世界并不存在什么永远。

希望27

复返

但是，
那些不会消失的东西

那些破裂的碎片会飘散在天际，
破碎得七零八落的心也会飘散在天际，
所以，一切最终才走向自由、平和。

“有尽头”，
是非常令人绝望的一件事，
但同时也是让人产生希望的一件事。

历经艰辛，
治愈伤痛，
指的就是那些飘散的碎片，
开始重新变得令人惊讶不已。

没有永远的苦痛，
也没有永远的绝望，
因为永远是不存在的。

希望 28

别停下来，你

你曾经留下过几个脚印？
开心的脚印、
伤心的脚印、
悲痛欲绝的脚印……
总归是曾经留下过脚印的。

时间之雪会再次累积，
到时候那些脚印就会被抹平……
那些开心的脚印被抹平
实在是有点可惜。

但是，那些伤痛欲绝的脚印，
那些悲痛万分的脚印，
同样也会被抹平。

有微风徐徐吹来，
那是能够抚平
你伤痛的
微风。
往昔那些辛苦、那些痛楚，
会让你变得更加强大，
会让你变得
更加温暖。
让那些辛苦的回忆
和伤心的痛楚，
都随着现在吹来的
这徐徐微风而远去吧。
因为时间还会再次来临。

现在抬头望望天空，开心地笑一声，
迈出你的下一步吧。

别停下来，
你。

不要停止梦想

若是还没有找到，
那肯定是你
腰弯得不够低。

那些知道却不甚了解的事情

何谓不要停止的梦想

我所不知道或未曾想过的事情，
不，是我所知道却不甚了解的事情，
就是所谓的梦想。
虽然知道，**但却未曾有所行动，**
最终成为了虚无的空想，
但若能坚持行动，不断地努力下去，
那便能成为梦想。

梦想 02

这世界上最辛苦的事情，说不定也是这世界上最简单的事情

对于没有梦想的人来说，
是这世界上最辛苦的事情，
对于怀揣梦想的人来说，
是这世界上最简单的事情。

梦想 03

开心地挨揍

挨揍的时候就得“开心地挨揍”！
若是觉得痛，就会永无止尽地痛下去，
若是觉得累，就会漫无止境地累下去，
只要是想做的事情，就要开心地去接受！

梦想04 若是不开心

虽然喜欢
照相机，
也挺喜欢
小汽车的，
好好拿着
但却不会
随身带着它们。
哎哟喂
不会~
虽然很喜欢很珍惜，
但若是超过一定的度，
就算和照相机“在一起”，
和小汽车“在一起”，
和人们“在一起”，
也不会觉得开心。
搞不好
就会变成
这样。

因为
不容易

熬夜画画后，
我敲了敲酸痛的肩膀，
映入眼帘的是握着笔的手，
我就这么静静地看着，
突然有个念头闪过脑海，
“谢谢你在三十多年的时间里，
一直支持我画画，给我鼓励。”

“若此事非常轻松容易，
也就不会从中获得任何的乐趣，
所以我会继续坚持画下去。”
——出自梵高写给弟弟提奥的信。

对我来说，工作就是要
持续不断地去寻找乐趣。
因为若是没有乐趣，就什么都算不上了。
乐趣让我能够追逐梦想，
也给了我希望、幸福和热情。

梦想05

我是个变化无常的人

骰子

虽然不知道会从哪里掉向何方，
我们都不应该怪罪骰子。
一旦开始怪骰子，投掷骰子的事情，
就会和你的手渐行渐远，
而且更可悲的是，
我们不得不配合那些并非自己投掷出的行动。

若是遇到计划之外的“紧急状况”，
会先踩刹车慢慢减速，

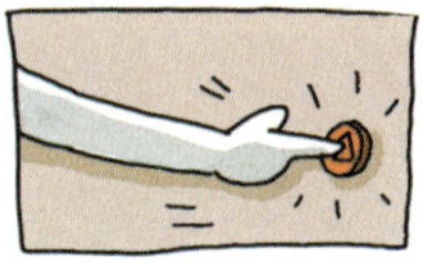

冷静地打开应急灯。

再仔细观察（我）周围的状况，

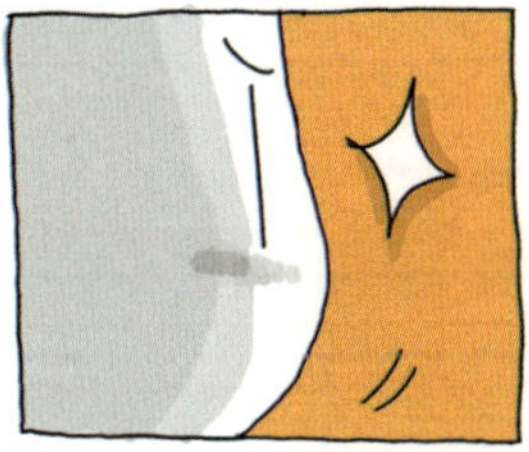

然后抬起头，将自己的视线
固定看向前方，

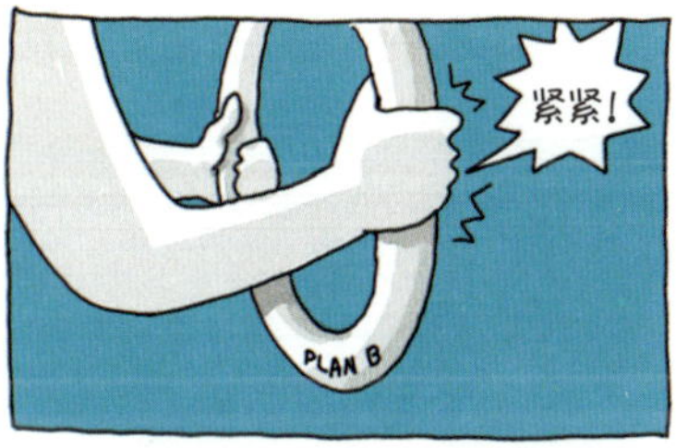

只要紧紧抓牢自己的计划，
不要迷失方向就可以了。

在“你的驾驶座”上，
你可以改变方向，也可以调节速度，
只要“你”还继续坐在那个位置上，
不管遇到什么样的“紧急状况”，
你的计划、你的梦想都不会发生“失败”事故。

梦想 08

和高分相比

虽然也知道是无可奈何，
但被人定义多少分确实是件不爽的事情。

这些分数就像是尾巴一样，随时会跟着自己，
不管是学生时期，还是长大的现在，都无法回避。

既然这分数是怎么摘都摘不掉的，那么和那些“高分”相比，
我更想要的是“准确的”分数。

是要速度，还是要准确？

“对我来说，现在
需要的不是速度
而是准确。”

梦想10 野心的超负荷

我的野心超负荷了，
是时候该踩一下刹车了。

但是当脚踩在刹车上的时候，
心底又会开始暗暗地担心。

会想到“现在还是别踩刹车了，再往前跑一点儿吧？”-O-

这只是时机不对的问题而已，一直如此加速，
在还没触及梦想之前就会撞上野心的墙壁而提前坠落！

请不要混淆油门和刹车，
脚底痒痒得特别想跑的时候，一定得踩“刹车”才行。

充足的条件

其实充足的条件比我们想象的要简单，
并不是要抛弃自身的野心和欲望，
而是要将错误的野心
和荒诞的欲望抛弃，
摆放正确的野心，
让它成为我们朝着梦想
奔跑的原动力，
否则杂乱无章的野心，
会成为我们前进的阻力。

是在小小的心房中洒满阳光，
还是只在大大的心房里晒到一部分光，
如何在这二者中选一，
最终还是要取决于我们自己。

梦想11 胡萝卜模式

办公室要搬家了，计算机也老吭哧作响地出各种毛病，
好像还得重新安装系统……啊~

啊~~~工作不顺利，心情又不好的时候，

这时候我采用的方法之一……

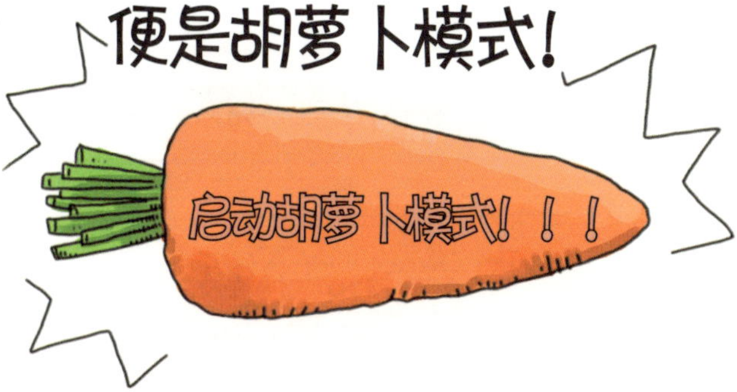

* 佩里的“胡萝卜模式”？

用最想要的物品或是和梦想
最接近的东西作为诱饵，让疲惫不堪的
身心产生动力，是一种糖果政策。
会提高能动率，让人“热情”起来的。

如果启动了“胡萝卜模式”还是不行……

启动了“胡萝卜模式”，
但激情仍然没有燃烧起来的时候……
便会启动“生计模式”！

其实“生计模式”有许多不同的等级……
因为一旦启动之后就会造成“巨大”的精神压力，
所以最好是“胡萝卜模式”阶段就把问题解决了！

糊口生存
和喜欢的东西，
想要做的事情
和不想做的事情，
在大人
和小孩的
奇怪边界徘徊，

错过梦想，靠近梦想！

梦想12 变轻

三年来我的电脑每天工作超过三分之二时间，
现在暂且让它休息一下下，
于是，又重新置办了全新的电脑，
在转移旧电脑里的文件时，
出现了一堆之前就可以删掉的文档。

以后再删吧，应该还有用……
删掉太可惜了，日后还会想要看到的……
就这样有些文件一年、两年、三年
从未打开过，
我的电脑却因此变得沉重、缓慢、
越来越吃力起来。

扔掉该扔的东西，留下该留的东西，
我想要变得更轻一点儿……

梦想13

动摇的原因

还是先都扔了吧……

烦恼的水珠

“啊！这些烦恼的水珠……就因为这些家伙，我才看不清前面！”

“好吧，得变得更热，让它们都消散才行！”

我要提升体内的“热情温度”，
让烦恼的水珠都蒸发不见！

不要想得
太困难

你自己的颜色足够浓郁，
所以不要太过担心，
继续保持住**你的颜色，**
燃烧自己的热情，
挡住你视线的那些**烦恼的水珠，**
就会一点点地**蒸发**消散掉。

梦想 15

我不想继续看的那个瞬间

虽然每一天、每个小时都是不同的，

但从我不想继续看的那个瞬间开始，

每天都在重复着相同的日子。

天空，
云朵

一年的时间里，
我们看到了365片云朵，
我们看到了365个太阳，
我们遇到了365片天空，
每一天的天空都是由不同的云朵组成，
每一天的云朵会展现给我们不同的天气。

好好观察天空和云朵，
你就会发现**它们每天都在不停地变幻，**
对我们来说这是多么大的**幸福啊**！
当我停止梦想的那一刻，
我的天空就会变得一成不变。

昨天乌云密布的天空，
今天变得晴空万里，
这样的天空如此说道：

"**昨天只是昨天**而已，
今天就要望着今天而前行。"

梦想16

居然全都闭合了

不管是大脑还是内心，我希望它们都能够平静下来。

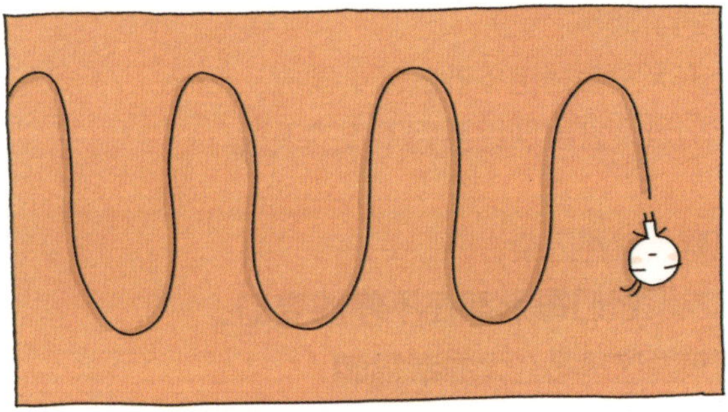

我厌倦了过山车般的人生。

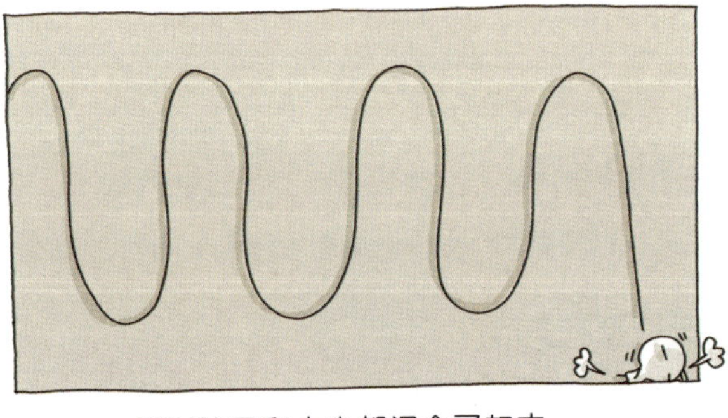

所以脑子和内心都闭合了起来。

可是我却无法得知自己到底是不是还活着。

如果一直不用，只是放着，说不定就会难以启动了，
并不是遗忘了使用方法，
而是真的会产生故障。
就算现在有些辛苦，但还是需要将断开的都连上，
让停下的都重新运转起来才行。
不然，以后就没有了，
时间、人和爱情都不会等你，
哪怕是现在才想起，也千万不要犹豫，
再次开始行动吧，
只要活着就要继续使用下去。
怦怦心跳……

梦想 17

我心里的窗棂

将焦点对准天空，

我心里的窗棂就会每天一点点地被擦除。

梦想 18

每一天

梦想 19

就白白放弃

别说什么要奋不顾身拼尽全力的话！
你到现在还连跳都没有跳上一下呢！

梦想 20

梦想的奔跑

奔跑需要原因吗？
没错，有原因的奔跑当然会更好，
但是不要哼哼唧唧地去询问别人原因是什么，
自己去找出奔跑的原因
才是真正愉快的奔跑。
因为如果只是为了别人所说的原因而奔跑，
你不会感到快乐，而且很快就会陷入疲惫。

梦想21 我要去奔跑

以前，一拿到工资我最先奔去的地方就是音像店和书店。
哇啊！是工资哎！
没错！就是这首歌啊！！太棒了！
嘿嘿嘿嘿
训练
时机
生活的意见
创伤
法语
最棒
想到这些，我会开心得飞奔起来。
呃！是要飞起来咩？

当热情消失的那一刻，
当怦然心跳的等待消失的那一刻，
当朝着梦想的奔跑减少的那一刻，
留给我的是……

梦想22 你被动摇了吗？

你“被”动摇过吗？
你“自己”动过吗？

梦想 23 想要再接着走下去

能走下去的时候，我想要一直走下去。

什么时候开始吹你的气球？

但是……你什么时候开始吹你的气球啊？

梦想 25

我就是我

那个……
有点……
为什么非要
这样啊？
呵呵呵！
这可是最新流行哦！
所有的人都是这样
走路的啊！！！
喂！那边
那个！
你也一
起……
嗯！原来
是这样啊！
啊！
扑通~

梦想26

找到适合自己的

梦想 27

再次发光的方法是？

有些人硬生生地挤破头，
挤进那些不适合自己的地方，
从而失去了自己的光芒，
那么如何重新找回发光的方法呢？

梦想28 用我真实的声音来诉说！

梦想 29

时间

并不是没有时间

大部分都是如此，

并不是没有时间，

而是没有重新来过的勇气。

时间都已经用完了啊，

时间还不够用啊，

一边如此感叹一边安然地度日，

一边放任时间流逝一边埋怨时间不够，

时间的沙漏，

不论是对我，还是对你，

分量都是相同的。

梦想30

居然如此之快

一天好快啊……

一个星期好快啊……

一个月好快啊……

该如何生活下去，现在更加明确了！

梦想 31

在窒息之前

“没有谁来帮我拉下旧外壳的拉链，
我在等待他人帮助的过程中犹豫不决，
说不定我会在旧外壳里窒息而亡。”

虽然很累

在脑子里盖个小屋，
在小屋的脑子里再盖个小屋，
在小小屋的脑子里再盖个小屋……

虽然身体、心灵和大脑
全都疲惫不堪，
但是能够做我喜欢做的事情，
我就只是感激！！感激！！

改变
想法

虽然头脑中是漆黑的一片，
非常的沉闷，
但请稍微改变一下想法吧！
只要下定决心，完全可以拥有一个轻松自在、
专属于你的宇宙，难道不是吗？
随时随地都能轻松自在，
在那个专属于你的宇宙里生活，
虽然多少会有些伤脑筋，
可这毕竟是件很帅气的事情啊！

梦想33

理由

理由真是千千万。

天气开始渐渐转热，

工作完全不顺利。

身心俱伤。

压力过大。

那么多的理由、辩解……
好吧，就让我来找到真正
的理由吧！

总是忙于在外面寻找理由，其实我的心里早已一片喧嚣。

好吧，在那么多的理由之中，“真正的理由”
一直都在我的体内……
好！现在就把我体内的理由
全都释放出来吧！！

① 反复琢磨各种想法……
(嘴里满是希望的能量！！)

② 制作出钥匙。

③ 用制造出来的钥匙打开憋闷的内心。

④“打开”这个动作真的非常重要……

如果没能在适当的时机打开，

是会爆炸的哦……

并非出于本意，由于无法战胜其他的压力
客观造成的“自爆释放”和
自己打开心房的主观的“释放”
之间可以算得上是有
天壤之别的吧？

嗯，要跳过去！

无论何时，需要越过的最后一道障碍总是“我”。

没有办法一次性跃过去吗？

不但没跃过去，还撕裂了裤衩……

梦想34 洗净

吹干

翅膀

最初大家都有过一双翅膀，
但是它们却被泪水浸湿、被众人压折、被生活撕裂，
于是，我们很难寻找到它。

去看看那些幸福的人吧，
他们**全都带着一双翅膀，**
可能并非是最初生长的那双翅膀，
因为最初的那双翅膀可能曾经被弯折、被隐藏，
但现在他们还是各有一双翅膀。

开心画漫画的前辈，
幸福写作的好友，
大家都各有一双翅膀，
和很难找到翅膀的我不同，
他们的肩膀上长着
拼命扑腾的翅膀。

扑腾的人们……
活着的人们……

呼吸着的人们……

我的翅膀在哪里呢?
刚开始明明是有的啊?

在我扑腾的那个瞬间……
在我活着的那个瞬间……
在我呼吸着的那个瞬间……

我左看看右看看，寻觅了很久，
我的翅膀上满是灰蒙蒙的尘埃，
蜷缩在心灵的一角，
我取出翅膀仔细地观望。

“原来长成这样啊，
真是万幸还为时不晚。”

是的，
就是这样的一双翅膀！
不需要更壮大，不需要更帅气，
也不需要更闪亮。

将满是灰尘的翅膀洗净，
在温暖的阳光下沥干，
然后再把它们放回原位。

梦想35 既然如此，就在星光下

“咬了口天空，却下起了雨。”

“咬了口雨，却淋湿了我自己。”

梦想 36

靠着那份特别飞翔

靠着专属于你的那份特别就可以优哉游哉地飞翔。

梦想 37

在看过天空之后

放上梯子，望望天空，这件事谁都可以做到……

梦想38

描绘出梦想

“好黑啊……”

“需要希望的气息。”

“靠着这份希望的气息去创造意志的梯子……”

“重要的是不能把梯子吹断。”

“还有……”

“要描绘出梦想。”

“这样，等到你的天空开启之后，就可以冲着辛苦不堪的那段时间嘻嘻一笑……”

“飞向高空！”

梦想 39

向天空奔跑

不要就此放弃

不要就此放弃，
不要冷眼旁观，
不要就此累倒。

不要迅速冷却，
不要迅速关闭，
不要迅速遗忘。

睁大两只眼睛，
释放两只耳朵，
轻扣你的心扉。

若想见到“**心里的那片蓝天**”，
就要懂得在云端行走。

这条路很长，
不要就此累倒，
也不要就此放弃。

梦想 40

不要变得僵硬，要变得坚固

说不定有这么一天，
你会发现脑中蜂鸣，
心里变得一片茫然，
因为在我们的旅途中，
会遇到太多太多的事情，
为了提前做好准备，
你的头脑和心灵都要格外的坚固，
不要变得僵硬，而是要变得坚固……

虽然看起来像是玩笑话，
但其实差异很大：
我自己敲打
和他人敲打的差别，
我现在所需要的
和别人对我的需要之间的差别。

“不管是头脑，还是心灵，
都要变得坚固起来，
不要变得僵硬，
要变得坚固……”

僵硬的
心灵

当心灵变得僵硬冷漠，
那一刻起，
它可能就不属于你了。
当然，并不是永远，
但随着时间的流逝，
便越来越难挽回一切。
那些僵硬，
是对活动的忘却；
那些对活动的忘却，
是失掉了的自由。
那失掉了自由的心，
将无法传递信息给他人，
因为那里面已经无法容纳任何人的心，
若是无法打开心房，沟通就此中断，
接下来的事情就不愿再去考虑。
请不要放弃，
就算**已经僵硬也不要就此灰心，**
赶紧再浇些水，再用手心去温暖一下。

僵硬的心虽然能够挽回，
但过去的时间却无法挽回。

LOVE

不要停止爱情

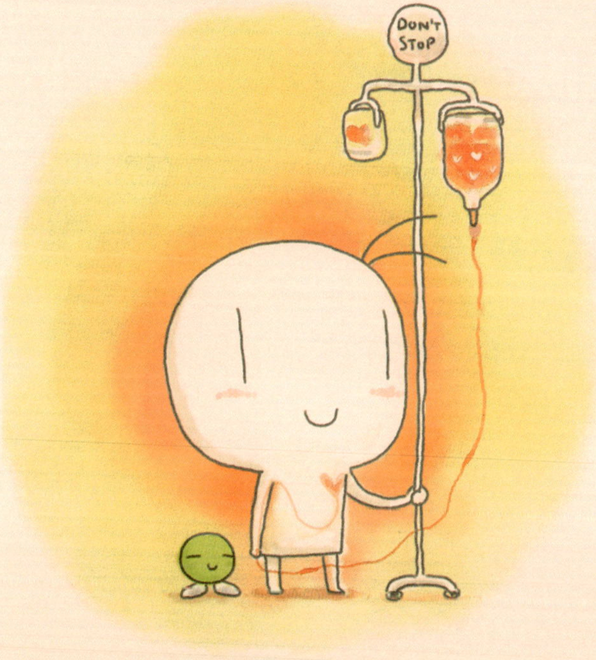

心脏不会停止的原动力

只有变暗后才……

只有当周身暗淡后才会懂得。

懂得太迟了……

让我成为钥匙

让我成为钥匙去开门、去关门，
去迎接众人、去送走众人，
去迎接希望、去遭遇绝望，
始终如一地去开去关……

然后“让我”攥着变成了钥匙的“我”旋转，
那些打开门之后的后悔，那些对邂逅之人的后悔，
还有那些即将到来的一切，都要学会淡然地去接受。

通往
心扉的路

我们很清楚这样的钥匙并不存在，
可能并不是钥匙不存在，
而是因为钥匙太多才至于此。
要找到合适的钥匙并不容易，
在左右彷徨不断寻觅钥匙的过程中，
会产生质疑，会另作他想，
并非单纯的静默，而是真正地陷入思考，
如此就有不少人会放手。

可能最初就没有握在手中，
虽然一直为了找到打开心扉的钥匙在徘徊，
但可能你并不清楚其实自己的心扉早已关闭。
又可能是因为**钥匙本就无法从心中取出，**
所以才顺理成章地彼此不搭，
还有可能从最开始这把钥匙就是错的。

飘散在空中的话

就像抽面纸一样，轻巧、容易地说给你听的话。

正因为这些话说得如此轻易，所以才会全部飘散到空中吧。

但是不知不觉间我不再看着你说话。

我和你之间的距离越来越远。

爱情04

啊！是你

我到底拿着什么呢？

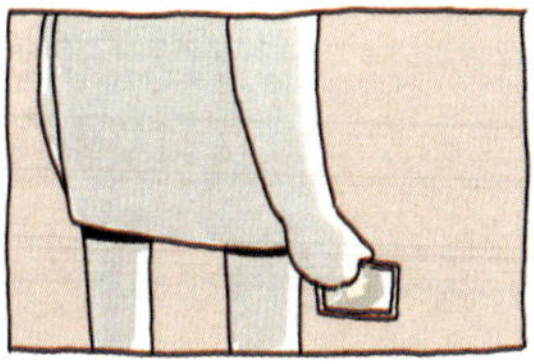

爱情05

本不该如此

本不该如此却总是如此。

大声呼喊也许还会听到吧？
但是已经离开了太远的距离，就算叫得再大声也不会听到。

暗恋

或是单相思

就算内心持续不断地流向那个方向，
也仍然无法触及那个人，
等流出了一定的量以后，
我的心就无法再顺着自己预想的方向流下去了。
静静地不断流泻的心，
只有在流尽干涸之后，
才会痛苦地倒下，
也只有这样才能休息片刻。
虽然我清楚地知道事情会如此发生，
但是心却不受自己的控制。

就算和盘托出那些没能说出口的话，
也没有人来倾听，
最终消散在空中。

心在流动，只能远远观望，
独自守候的爱情，无人倾听的话语，
不能回头的心，
实在是太过苦痛。

爱情06

傻瓜

曾经说过
不思念的人

我过得很好，
饭吃得很好，
觉也睡得很好，
和朋友们处得都很好，
是真的。
我会去看电影，
也会出去玩，
我过得很好，
真的过得很好。

直到偶然在街头
遇到你之前，
我真的一直都过得很好。

爱情07

瞬间止步

在如此纷繁复杂的人潮之中，突然某一天……

啊……那熟悉的电话铃声……

瞬间止步的我，

只能怔怔地对着手机摸了又摸……

爱情08

现在

就在我以为现在总算可以做得好点的时候，
却突然有股迷茫感袭来……
“好吧，反正一开始不就是各种思绪杂乱无章
地在头脑中横行吗？
所以，现在最需要做的就是再拿出点真心来，
一起努力下去才好。”

有那么一点
悲伤的爱情

原以为现在都已经忘记了，
但裹挟在风中的那一点小小的心悸，
让一切都回来了。
我也不知道那到底是什么，
总感觉是某些消散在风中的东西，
或许是音乐声……
或许是熟悉的香味……

在我信心十足的时候，
总会吹来这样的一阵风，
将尘封的记忆动摇唤醒。

就好似一直在等待着一样，
邂逅唤醒记忆的那阵风后，
我总会这么对自己说：

“好吧……那个人，
现在就忘记也太可惜了吧？

这难道是那个人发来的信号，
让我不要将其忘记？”

每到这个时候，
我的那些朋友就会对我嬉笑怒骂。

我也不知道那到底是什么，
那阵风是从哪里吹来的，
它究竟代表着什么，
我真的是不知道，
但却不会心痛。

其实也不是像严冬那种凛冽到
震撼心房的强风，
而是那种轻柔地摩挲脸颊的
非常温暖的风，
但是会有一点点淡淡的悲伤。
就是那种现在一切都已消散的感觉，
可这种感觉并不差。

等到某一天，即便那阵风吹来，
我也不会再产生任何感情了，
说不定到那时候，
我反而会更加悲伤。

爱情 09

想要藏起来

你
来了

“你，不就只是需要恋爱而已吗？”
“你这是什么意思？”
“你不是真的爱别人，
好像只是为了要处在‘恋爱中’的状态里，
才开始恋爱的。
你并不爱别人，
好像只是喜欢‘正在恋爱’这件事而已。”
“你这是什么意思？！”
“我说你即便遇到**不确信的爱情**，
依然试图维系恋爱关系，
好像只是为了这种要维持下去的不安情绪，
才一直想要躲在爱情里面。”

仔细地想一想，脑子有种死机的感觉，
真的是这样吗？
本应该去爱“人”才对，
难道只是喜欢“恋爱状态”本身吗？
难道只是躲在恋爱里面，
并没有真正地去爱吗？

关系的开始

“关系开始”之初就说出这样的话，这种人是有那么点讨厌的。

没能表述真心的人

"其实我不想那么说的……"
没能表述自己真心的人的思绪复杂的夜晚。

一开始就

麻烦一开始就说出来！！

爱情 13

积累再积累

一点点的小打击，
如果持续不断地袭来也会将人打倒，
所以不要觉得微小就不会痛。

爱情 14

妈妈

从什么时候开始，我就将妈妈当成了一个影子呢？

妈妈不听音乐，也不看电影……

妈妈不会生气，也不会发脾气……

妈妈一直都在那里，
不，是必须要在那里！
是从什么时候开始，
我将这一切当成理所当然了呢？

不知不觉间……太阳……落山了……

在太阳完全落山之前，
我得请妈妈从影子里走出来才行，
在太阳完全落山之前，
在连影子都完全消失之前……

爱情 15

特别日子里的雪

我邂逅了第三十几场初雪。

但现在不再是只有开心的年纪了……

而且还是在这个特别的日子，
因为你，我的思绪漫天飞扬。

初雪

我邂逅了今年冬天的初雪，
又是冬天啦……
在这个时候，
我总觉得有种空虚感，
可能是因为遇到了这场初雪的关系吧。

你并不像雪那般冰冷，
下雪天的回忆也并不多，
但是**看到雪就是会想起你。**

看着阳光下闪耀光芒的雪，
我就觉得特别地像你，
看到那雪在阳光下慢慢地融化消失，
我就想起了你。
就算惋惜得捶胸顿足也无可奈何，
就算捧起一怀白雪放进冷藏室深处也无济于事，
虽然相爱却无法走到一起，
我觉得就这样消失不见的雪，
很像你。

今年冬天，下起了“我的初雪”。

因为一通电话

因为一通电话，我哭哭笑笑。

传递
心意

爱情真的是很玄妙。

有时候不说出口也能传达心意，
有时候如果不开口，心意却无法传达。

有些时候不需要只言片语，
但有些时候却需要千言万语。

虽然不用刻意去解释，
但有的时候，也会想去详细说明，
有的时候甚至心里想的话
和说出的话完全相反。

虽然想要说爱你，
但说出口的却是不爱你。

虽然想要和解，
但道歉的话却说不出口。

虽然并不是真的想要分手，
但有时也会说出要分手的话来。

爱情真的是很玄妙。

可能是因为有太多数不清的情绪
纠结缠绕在一起，
所以，好像连我自己
都难以看透
那无边无际的内心。

不论如何，
只有**将自己的内心隐藏得越来越深**
这一点是可以确认的。

产生了越来越多难以数尽的感情，
比我所知的感情数量要多得多，
我自己维系的各种关系链，
大概被放大了二十几倍，这便是爱情。

若是轻易就能将自己的心意传递出去，
那么爱情就不会那么复杂
或是那么难解了。

爱情 17

安慰

该在什么样的时候给予安慰，
什么样的时候告知对方冷酷的现实呢？
称赞、指责、积极的、消极的……
人和人的关系就如此，
就是这么的困难、复杂和艰辛，
但是之所以你会因某个人而烦恼，
或者某个人会因你而烦恼，
都是因为有爱，
越是亲密、珍重的人
越容易让我们烦恼又烦恼……

若是什么事情都没有发生过

不要忘记自己的真心

“我真的什么事都没有。”

这句话有时候会成为重度毒品，
在自己介意的时候依然说没关系，
隐藏自己真实的内心，
可能**真的会忘记自己的真心。**

就算是看到让人心跳的事情也装作若无其事，
在热泪盈眶的那一刻也同样装作无所谓，
就算是看到心爱的那个你，
也装作若无其事地路过，
最终真的会变成若无其事的人。

不要因为成为了不受伤的人、坚强的人，
就把没关系挂在嘴边，
忘记自己的真心，
就失去了世界上最强大的保护膜之一。

介意的时候就请说出我介意，
伤心的时候就哭出来，开心的时候就大声笑出来，
不要忘记你自己的真心。

爱情19

若是回到你身边

现在的你……不管我说什么都是听不进去的啊。

爱情20

得说出来！得说出来！得说出来！

得说出来！

得说出来！

所以得说出来啊！

爱情21 不是对话，而是独白

这不是“对话”，这是“独白”。

爱情22

冒失的剪裁

就是说我喜欢电影，然后音乐是……
OK，够了，就说到这……
呃……我还没说完，你对我的了解还只有一点而已……
嘘！
嗖
好！现在开始剪裁！
囧！
可可当当
嘶嘶嘶嘶
不……不是啊
你是这样的人啊！
这样，那样。
(随我怎么想)你就是这样……然后那样……你就是这种人！
你……对我有多了解？
该知道的都知道
该知道的都知道
该知道的都知道
你倒是听我说啊……
不听不听不听不听……

爱情 23

真正的道歉

不是真的感到抱歉，看来只是装作抱歉而已。

爱情24

渐行渐远的开始

给几个，
会收到几个呢？

争吵的开始，
渐行渐远的开始，
让关系和缘分褪色
最为有效的方法。

心里的伤痕

让受伤的心恶化的几条：
因为看不见伤痕就直接无视跳过，
或怕暴露出来丢人就直接隐藏，
在行动上也装作若无其事，
这样的行动不断累积，并且在思想上坚信不会因此受伤，
所以从一开始就没有想要呵护好它，
进而加重了它的伤痛。

看不见伤痕偶尔会让人变得愚蠢。
因为看不见，就连不可信的话，
也开始无法分辨对与错
最后给彼此都造成了伤害。

但看不见并不代表
难以估量。
可能伤痕的具体深度我们无从得知，
但是只要稍微花点心思，慢慢观察就能够了解。
所有伤痕的恢复都是从这样小小的举动开始的。

即使看不到爱的心意，大家也会试图去寻找，
但是对真正**受伤的心**
却假装视若无睹。
就像会去寻找**爱的心意**一样，
其实，受伤的心同样也需要去寻找。

爱情25

分享

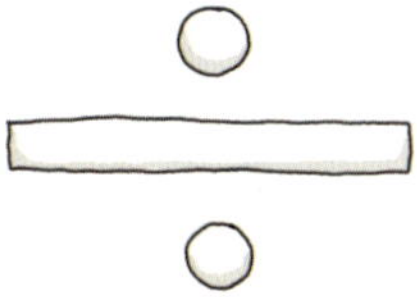

所谓分享……

是要让曾经身处异地的（一）人（·）和人（·）
能够相互支持着飞翔，不让对方坠落。

毫无用处的转向灯

我最讨厌的司机，
就是那种在打转向灯的同时变换车道的人。

说实话，这样的转向灯压根就不能算是转向灯，
而且像这样危险地加塞的人，
大部分连一点抱歉的表示都没有。

这种感觉……怎么说呢？

在人群之中，也有人
经常使用这种“毫无用处的转向灯”。

比方说打开只属于自己的指示灯！
却希望对方能够完全理解自己，这就有点过了。

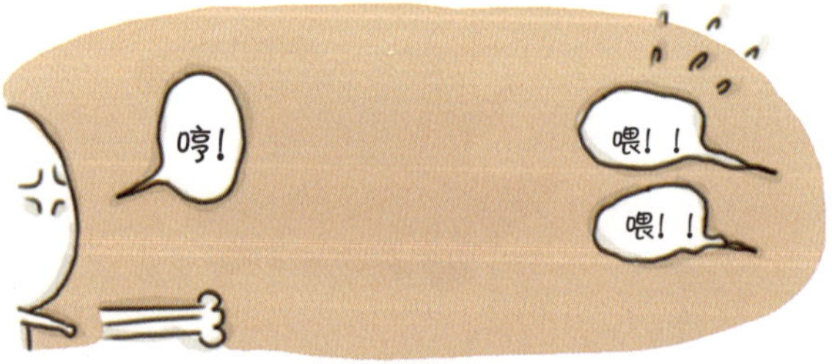

……生气也是自己单方面生气。

那什么是“沟通”呢？

是啊！这是“多么简单而且大家都懂的道理”啊！！！

但越是大家都明白的事情，却越容易造成“误会”！

我认为沟通是“往返车票”！
也就是去了之后必须要回来。
对话要“有去”、“有回”，
心意也要“有去”、“有回”……

其实打开了开关不代表信号就都传递出去，
必须要给对方时间以看到我给出的信号，
要给对方理解和思考的时间……
这样才是真正的信号！
这样才是准确指明方向的转向灯，
这样才是真正的沟通交流。

爱情27

我们看的是同一个东西吗?

我们正在看同一个东西。

我们是在看同一个东西吗?

虽然最开始他们看到的都是真实的，

为了说出各自的话而先将“真实”搁置，

现在“真实”已经变得不重要了，
而且大家全都开始说谎了。

爱情 28

因为心已空

我的心情为什么这么沉重呢？

因为心已经空了，所以只能压在脑袋上……

爱情 29

脑袋里的道闸杆

突然有一天安装了道闸杆，
以后再也不能免费使用了。

“动心后脑袋里开始架起了道闸杆。”

随着时间的流失，我的脑子里也形成了道闸杆，
做这个也不行，做那个也不行，
这个人也被挡住，那个人也被挡住……

年龄在不断地增长，
生活在不断地继续。

画线

无数次反复在脑海中、在心底画线……

如此反复不断地画线，
我的脑海和心底完全变成了方格纸，
然后我被困在了那一方小小的格子里，
不知道该去向何方。

现在慢慢地，
一点点慢慢地，
就像是静静地散步一样，
从脑海中、从心底里的禁锢中迈出步伐，
一点也不着急地徐徐行走，
一点点地将线擦拭干净。

遇见

#1
我遇见了那个能够当场吐出照片的朋友，
那个名叫宝丽来的朋友。

#2
多亏了这位朋友，我工作室的墙上
得以一张又一张地贴上
我所爱的那些人的照片。
遇见几次的人，
遇见几十次的人，
遇见几百次的人，
次数什么的无妨，
时间什么的也无妨。

#3
大概过了一年的时间，我工作室的墙上
贴满了周围人的照片。
说不定有一天，我会因为这其中的某个人
伤心抑或变得不幸，
说不定其中会有一个人送我一颗支离破碎的心，
说不定会有人背后捅我一刀。

#4
但是在这些人之中，
我也可能会因为其中某个人而展露笑颜，
因某个人而受到伤害，从某个人那里获得安慰，
因为他人而变得不幸，
因为他人而变得幸福，
我们的生活就是维持着这样的平衡，
虽然偶尔也会偏向其中的某一边，
但只要能挺过去，
就能重新找回平衡。
当然为了做到这一点，
我也必须要明确该如何对待他人。

#5
若是给谁带来伤害，
谁的平衡就会倒塌，
我也会受到伤害，
我的平衡也会随之倒塌。

#6
所以顺其自然最好，
不要太过阻拦，
不要太过划清界限。

爱情 31

花儿再次绽放

还能
重新去爱吗？

“怎样……才能重新开始呢？”

我问另一个自己。
这次可能还会辛苦到快要昏死过去，
还要重新开始吗？
我无法明确做出回答。

“会有这样的烦恼本身就是个错误，
你这是还没有准备好再次去爱。”

真的是讨厌到疯，
内心很想要揍这小子一拳。

但是我真的开始变得好奇起来，
我真的可以重新去爱吗？
如此胆战心惊的我是否真的可以重新开始爱情？
我日渐僵硬的心底，
能否再次绽放出一朵爱情之花呢？

幸福的等待或不幸的等待。

你

很快就会抵达

我坐在等候站等待你的到来，
红灯亮起显示你很快就会抵达，
我的心里开始悸动起来，
轰隆隆隆隆……
配合着通知你即将到来的广播的声音，
我的心脏也开始扑通作响，
因为我还不知道，
你是不是真的会像信号灯显示的那样到达，
即便要等待，我想要幸福地等待。

我变了

我变了！
朋友们都说我疯了！
他们摸着我的额头问我是不是抽风了，
没错，我就是疯了！

双脚触不到地面！
虽然体重如故，
但却好像比之前轻巧了许多。

陷入爱情的
小豌豆的话没有错。

开始

我发现了胡乱挥手的自己，
现在才知道原来自己的动作幅度如此之大，
我也第一次知道自己这么不在意其他人的感受。
那些我曾经认为的麻烦事被缩减到了过去的一半，
不，是缩减到了三分之一左右，
嘟嘟囔囔的嘴里也开始不断说出好心情的话来，
走路走到一半，开车开到一半，我也会开心地哼起歌来，
啊，我变啦！没错，我是变了！
新年开始后，我一直下决心说“要成为一个全新的人！”
但是还不到一个月的时间就放弃了。
这次既不是新年，也没下决心，我却完全变了，
原本认为用来享受文化生活的钱就是浪费，
但现在我会听音乐，会看电影，甚至还会去看音乐剧。
我甚至觉得这些都很有趣，
就算别人打我，就算给我再多的钱，
我似乎都未曾改变过，可现在我却变了，
虽然觉得有点丢人，难以说出口，
但是世界看起来更美好了。

因为邂逅了你，因为开始了爱情，
我改变了。

爱情34 牵手

就是说牵“手”这件事呢，

所以就是说“第一次”牵手，
就是说“第一次牵手”这件事呢，
就是说“第一次牵你的手”这件事呢，

那个……>ㅁ<

就算……什么话都不说，
牵着手似乎也能传递无数的话语，
那时候静悄悄地光靠牵个手就传递了一切！

松松软软的猫爪

她按下我手掌上凸起的部分，
我问她“为什么？”她似是很神奇地回答道，
“松松软软的。”
“其他人的也都是松松软软的吧？”
我刚抽出手，她又猛地将我的手抓住，
“不一样！你的手和其他人的手不一样。”
我怔怔地瞪大了双眼，呆呆地伸出手去。
她继续冲我说道，
“像你的心一样暖暖和和的，像我的心一样松松软软的。”
我稍微眯缝着眼睛瞪了她一眼，
她带着无比真挚的表情说道，
“是真的啊，遇见你之后，我好像也跟着变得松松软软的了，
这种心情很好。”
听到这样的一席话，
我好像真的变得松松软软的了。

啊……**原来爱情，**
是会让人变得松松软软的啊！

爱情35

我希望你更……

我希望你会 ☐ 幸福。

我正苦恼着该写些什么，

就只写下了一个字——“更”

是的，我希望你会“更”幸福。

曾经冰冷如霜的我的心

能够冰冻一个人的心，
也可以融化一个人的心，
但我更希望
用我的手融化你的心，
用你的手融化我的心。
所以我那僵硬的内心
一点点地变柔软，
麻木的脸庞
也一点点地出现笑容。

我那曾经**冰冷如霜的心**
在**你的手触及**之后，
重新找回了一点点阳光。
我那一度失去温度的心，
也有了重新找回温暖的希望。

说完“再见”，

就会每一天，

绽放更多日渐浓郁的爱情。

说完“再见”，

就会每一天，

慢慢稀释日渐浅淡的爱情。

爱情 37

拍下同样东西的照相机

拍下光线的照相机，

拍下希望的照相机，

拍下梦想的照相机，

还有拍下“你”的照相机，
对我来说全都是拍下同样东西的照相机。

将我的心
融化

雪下得很大的某一天，我蜷缩在地上，
在雪地上留下我的手印，她对我说道，
“你的心，什么时候才能完全融化呢?
既然都会融化掉，我想我来融化它……”
面对突如其来的肉麻表白，我如此回答道，
“在你来融化它之前，估计早就全被阳光融化了吧？”
她瞟了我一眼，
好像真生气了一般站起了身，
迈着小碎步朝前走去。
“生气了吗？”
我冲着头也不回的她问道，
隔了好长的一段时间，她转过头来大声喊道，
“我会让它融化得更快！”
那样子别提有多可爱了……

因为你，
我的心在很久以前就融化了。

爱情38

唯有心

向你走去

傍晚时分……
和平时一样，拥堵的下班路上，汽车的灯光
看起来像是变成了寻找爱人的灯光，
看到漆黑的道路上满是闪烁的心，
我突然觉得这冷漠的城市也并非如此孤寂。

夜晚
的消逝

夜晚消逝过吗?
对我来说夜晚真的消失不见了,
即便是到了漆黑的夜晚,
我依然难以入眠。

只要一到晚上,
所有的一切都会变得异常清晰。
该怎么说呢……周围变得一片安静,
然后就想起了那些我暂时勉强忘记的人,
不管之前有多疲惫,只要躺在床上,
静静地望着天花板,
漆黑的夜晚就总是会变得一片明亮,
想要画出谁的模样,
晚上会比明亮的白天更容易,
这就是夜晚消逝了的原因吧!

也可能是因为那个人的颜色是极其明亮的，
所以到了晚上才会更加地清晰明显，
就算别过脸去，将头埋在被窝里，
眼前也仍然会展开一幅巨大的画面。

可能是因为我喜欢那个人吧，
可能是我爱那个人吧，
所以我才总会保持清醒，
所以我才总会描绘出那个人的模样。

明天该说出口了。
假如我的夜晚真的就此消逝，
永远也寻不回来的话，
那可就真的大事不妙了。

爱情40

将断裂的心连上

能将断裂的心连上的并不是飘浮在空中的虚话，

而是埋藏于内心的“真话”。

若是不用“真心”去面对，你就无法传递任何信息。

爱情 41

用什么

你对我的保护已经足够多了。

表白

“把我的晚上还给我吧。”
“什么？你说什么？”
听了我的话，那个人用奇怪的眼神看着我。
“我让你把我的晚上还给我，
因为你，我晚上压根就睡不着觉。”
那个人还是一直用奇怪的眼神看着我。
也对，我自己看来都觉得有些荒唐。

“你说的是什么意思？”
“我.说.因.为.你.我.晚.上.压.根.就.睡.不.着.觉！”
我再一次一字一句地断开说道。
那个人无语地看着我，轻轻地笑了，
“那我该怎么做呢？”
“当然得帮我找回失去的夜晚啊。”
暂时陷入了一阵尴尬的沉默。

“扑哧！”
想了一想，可能是觉得我的话很搞笑，
那个人笑开了花，
“你确定是因为我才这样的吗？”

"是！我很确定，就是在遇见你之后
我才开始睡不着觉的，
总是会想起你的脸……"
那个人一直在笑，
是那种好心情的微笑。

"这种话，你用过好几次了吧？"
"这.是.第.一.次！"
我又再一次一字一句地断开说道。

"扑哧！"
她再次笑开了花，
"我知道，麻烦你不要说得这么认真。"
"我真的是一直睡不着觉来着，问题相当严重的好不好！"

"扑哧！"
那个人第三次笑开了花的时候，
我开始确信
那个人会帮我找回遗失的夜晚。

若是有人能帮你找回遗失的东西，
让你重新记起
那些本已遗忘的东西，
那个人便是你**所爱之人。**

爱情42

对你的第一次

第一次亲切地叫你名字的那一天。
第一次你亲切地叫我名字的那一天。

短短的一句话

“没关系。”
这一句话就代表了全部。
但是这样的一句话
比我在这世界上收到的任何一句安慰都要意义重大，
这是从我心爱的人那里听到的一句话。
这样的一句话让我长久以来坚忍的泪水瞬间爆发，
你一言不发地抱着我的时候，
你的怀抱是如此的温暖。
在哭过好长一段时间之后，
那些堵塞在心里的一切
似乎都已随泪水流走，
心情也万分舒畅。
“别低着头，
总是这么低着头的话，
就看不到以后了，
只有看到了以后才能继续前行啊，
所以别低着头。”
多亏了那个人，我才能够“重新”
使用“**重新**”这个词汇。

爱情43

给你

虽然声音细微但听来却让人心情舒畅的音乐声，甜美的蛋糕味道，
不知名的花香味，不热而又有些温暖的阳光碎片，

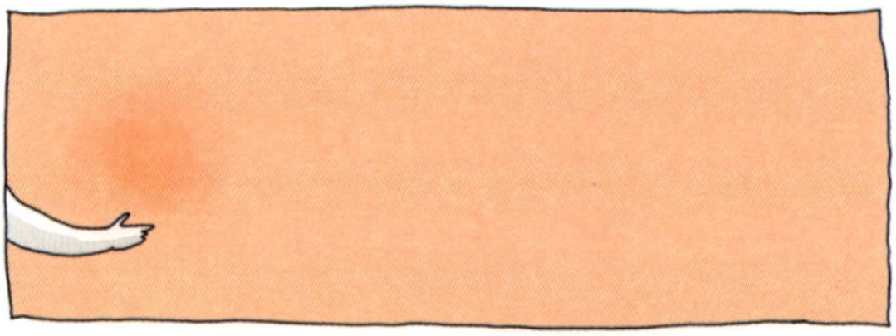

将我的心轻轻地安置在那里升起到空中，

然后慢慢地……传递给你。

这香味、这音乐、这阳光、这感觉，
哪怕一点也好，我希望能将这些都传递给你。

现在

现在这种好心情，
这种可爱的感觉肯定也会有消失的一天。
即便是有形的、坚硬的东西，
随着时间的流逝也会破裂消散，
更何况是这种无形的感情，当然会消失得更容易。
我不否认这种**消失**，
我也不害怕这种**磨炼**，
因为对这份感情消失和破碎的担心，
我才更不愿放弃当下这一瞬间。

这份会消失的感情，这份会被磨炼的感情，
现在的心情，现在的这种小小的幸福，
我都不想减弱它们的温度。

我要完全地去体会、充分地去感受现在这一刻，
我要将现在留在心里、刻在脑海里。
当有一天**这个名叫幸福的小子**不再出现的时候，
当我不管从你那里获得了什么，
都觉得不够、开始产生贪念的时候，
我打算再次将那些留在心底的感情记忆呼唤出来。

爱情 44

因为你很温暖

因为你很温暖，所以春天来了。

爱情 45

一样的时间

稍晚一些才懂得了你的爱，我对你许下了一个承诺。

从现在开始为了和你
度过一样的时间，
聆听一样的时间，
感受一样的时间，
我会永远和你在一起，
将那些没能在一起度过的时间
全都补上去。

你

搬到复式写字楼里还没多久，
晃晃悠悠下楼梯的时候就摔了一大跤，
为此还折腾了好一阵子，以至于再次下楼的时候
都得紧紧扶着栏杆才行。
但很快，我就把这茬给忘了，
又蹦蹦跳跳下楼的时候差点摔了一跤，
还真是健忘啊。

这种事情只要稍微上点心，
完全可以减少受伤的可能，
但是和你的交往却没能做到如此，
想要避开却没能避开，
不是嘴上说小心就不会受伤害。

是的，
还是会时不时地忘事，
无论当时有多痛或有多艰难，
可能是因为现在累积的经验还不够多，
也可能是控制自己情绪的启动装置有所松懈。

还可能是在最开始出生的时候，
脑子就有那么点儿毛病，
虽然在当时后悔万分、捶胸顿足，
但不知什么时候看到“什么”，
我又会将脸凑过去，
将手伸出去，
以至于我都怀疑自己是不是对什么上瘾了。

顷刻间就让人忘记
那痛彻心扉的情感的“什么”，
让撕裂的心再次缝合在一起的“什么”，
进入地下深处将我寻觅的“什么”，
重新将迷茫的心拽回原处，让人再次找到生存意义的
那个强大的“**什么**”。

就算心痛也无妨，
就算哭泣也无妨，
再一次！再一次！
让我这样大声呼喊
你！

SMILE

不要停止笑容 ^▽^

寒冷的大冬天，窗户留着一条细缝，让房间的空气稍微转冷之后，
钻进厚实温暖的被窝里，抱上一本喜欢的漫画书，
放上一段好心情的音乐，再加上一杯煮开的热茶，
不一定非得都是如此，只要懂得属于自己的小小幸福，
我们就能更好地度过那段辛苦的时期，
幸福，其实很容易……

笑容01

那什么时候笑呢?

到底是幸福了才笑，还是笑了以后才会变幸福，
这是个永无止尽的问题，永远的进退两难……
哭着的时候时间会流逝，笑着的时候时间也会流逝。

我的
笑容

静静地听我说话的她
说了这样的话。

“总不可能一直都笑的嘛！
你这样的说法也太不现实了，
重要的是要记住这一点，
这样就能多笑上一回了。
虽然理想中的‘一直’就是我们所说的‘一直’，
但是**现实**生活中的‘一直’却只是**稍微频繁一点**而已，
如果照你说的那样，现实中只要适当笑笑就好，
那估计大家就都不会笑了。”

不知为何，她的话竟微微地刺痛到我。

笑容02 你真的是想去玩吗？

在诸多原因之中，
好像最大的原因
是液晶平板电脑
（因为眼睛离平板电脑显示屏
太近的关系）。

※大概是这样的工作状况吧！

我就改为戴着墨镜工作了，
眼睛是真的没有那么疼了，但是长期这么工作之后，
会忘记自己戴了墨镜，然后就会经常干一些丢人的事儿……

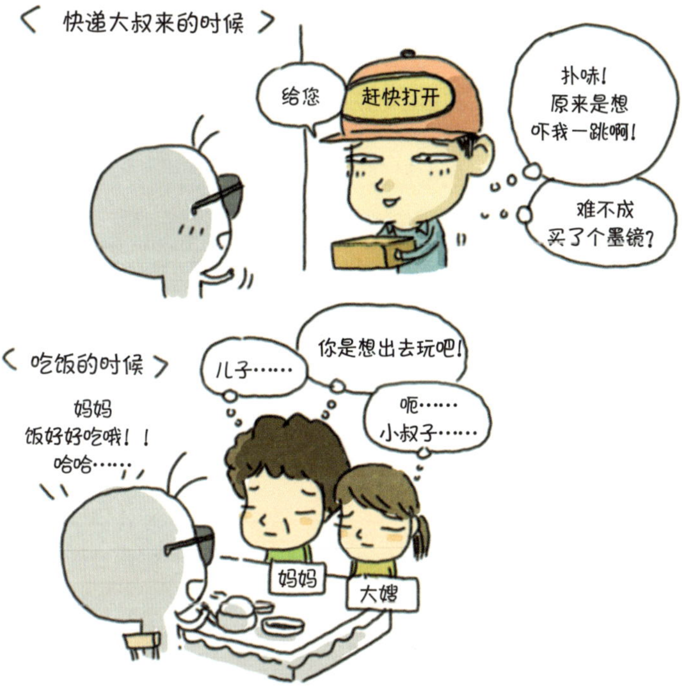
〈 快递大叔来的时候 〉
给您
赶快打开
扑哧！
原来是想
吓我一跳啊！
难不成
买了个墨镜？
〈 吃饭的时候 〉
妈妈
饭好好吃哦！！
哈哈……
儿子……
你是想出去玩吧！
呃……
小叔子……
妈妈
大嫂

笑容03

时光机

我最小的哥哥做了腰部手术，
嫂子不久前刚怀了孩子，回娘家去调理身子了，
所以哥哥只好来我家休养了。

突然有天哥哥叫了炸酱面的外卖，我才吃上了好久都没吃过的炸酱面。
我们不是在饭桌上吃的，而是在地上垫了张报纸就吃上了，
吃炸酱面的时候我和哥哥都笑开了花！
手术后吃到的炸酱面！小时候，哥哥和我能吃炸酱面的日子
都是非常特别的日子（毕业典礼之类的），所以平时就算想吃也一定得忍着。

特别想吃的时候就煮那种速食炸酱面（农×炸酱）来吃，
农×炸酱是哥哥煮的，因为我煮的会超级不好吃，
这次哥哥手术顺利结束后，由于我们隔了这么长的日子才又尽情地吃上炸酱面，
而变得尤为幸福，
那一天和往常一样，平凡无奇……
但却因为一碗炸酱面的关系变成了如此特别的日子。^ㅁ^

笑容04

若是抱走的话

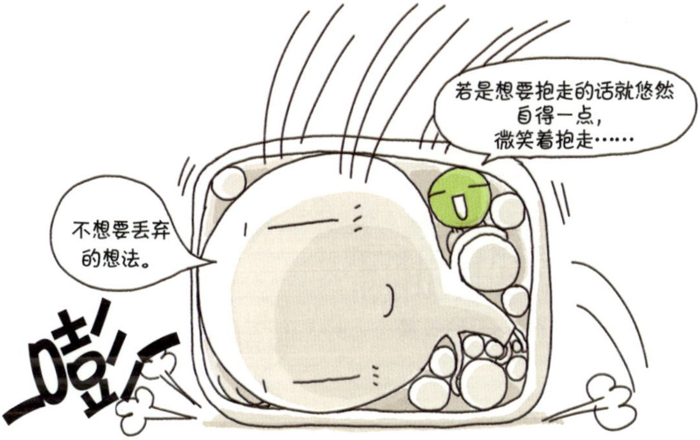

若是不想丢弃、想要抱走的话，
就好好地抱走。

就算摔倒也无妨！
就算拥挤也无妨！
都不会丢下的！

不要紧蹙眉头，
不要嘟嘟囔囔。

笑容05

路痴本能#1

最近我整天都在山上转悠。

多变的路程……

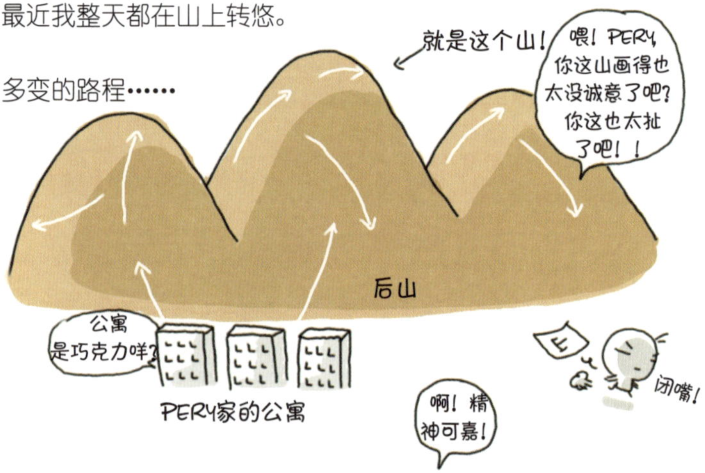

因为健康总是摆在第一位的，所以从新年开始我每天都会去爬山，
路程是很多变的，有一个小时就能走完的路程，
还有两个小时的、三个小时的，
我一般会走一个半小时~两小时左右的路程……

虽然从山上下来了，但却不是我们家的公寓！！！

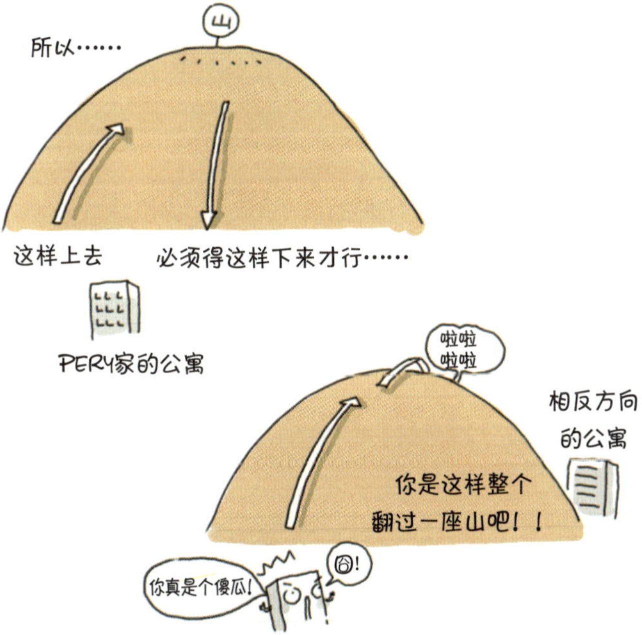

虽然完全可以中途下山的时候看出不对再回头，
但是傻瓜Pery还是一路走到了最后！

都住了四年了居然还不认识自个儿家的公寓！！

最后因为担心自己从山路返回的时候半道又会迷路，
Pery只能沿着车流如注的国道走回家……
啊……这被诅咒了的方向感啊！！

到底这固执劲儿是打哪儿来的！！！

好像不是，
好像不是，
虽然嘴上一直这么念叨，
但还是有一路走到底的固执。

虽然老远的就能确定不是，
但非要一路走到底。真固执！

饭吃到一半的时候（吃其他食物的时候也是）。

最后吭哧吭哧都吃完就积食了-_-

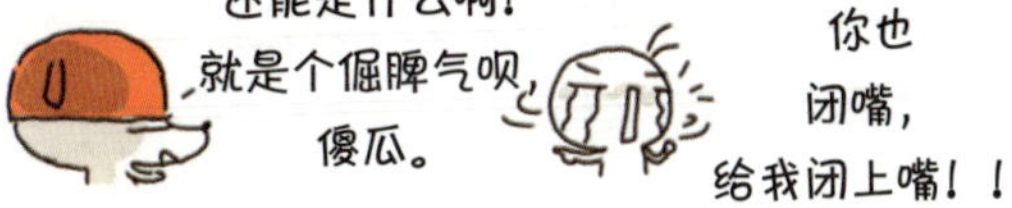

笑容06

路痴本能#2

工作都完成了之后去南毛君家里取停着的车……

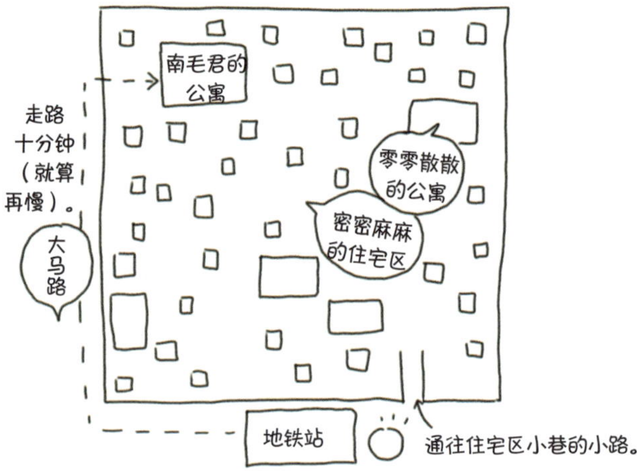

虽然走大马路只需要花上十分钟，但是因为想要赶紧过去就选择了小路，但是一辈子只住过公寓的“超级宇宙无敌大路痴”Pery……

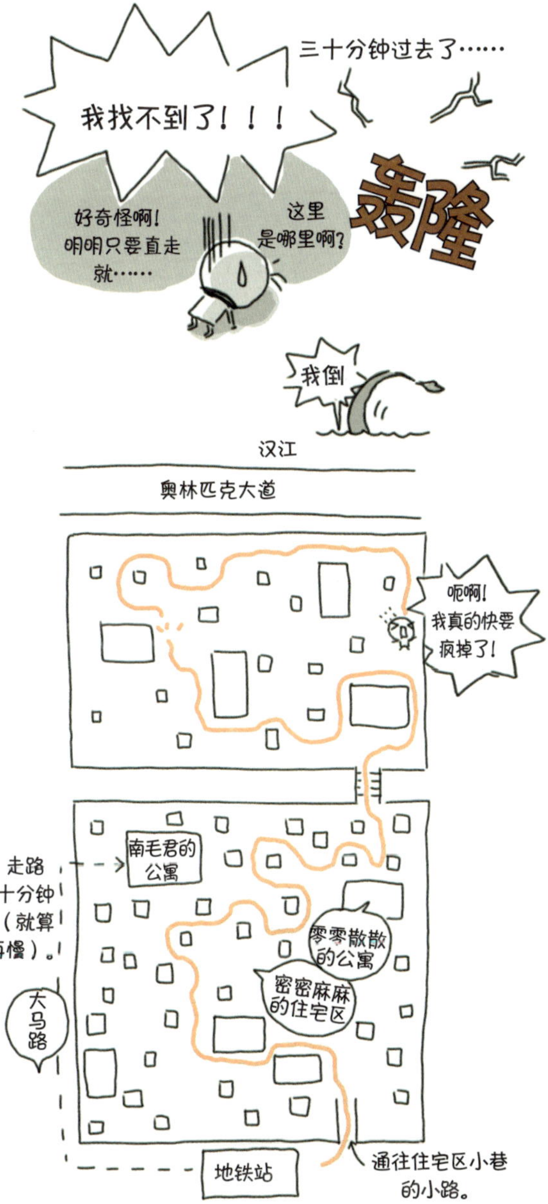

我找不到了！！！
三十分钟过去了……
轰隆
好奇怪啊！明明只要直走就……
这里是哪里啊？
我倒
汉江
奥林匹克大道
呃啊！我真的快要疯掉了！
南毛君的公寓
走路十分钟（就算再慢）。
零零散散的公寓
密密麻麻的住宅区
大马路
地铁站
通往住宅区小巷的小路。

就算再慢，随随便便走一走也就只要十分钟的路程，居然徘徊了一个多小时……

并不是只有走路的时候会找不到路！

开车的时候也找不到！！

导航仪升级后忘记带了，
下楼直接就走了，
没想到又是瞎转悠半天才回来！！！

导航仪

我人生中，遇到的电子产品
最棒的当然就是导航仪了。
不知道上辈子到底犯了什么罪，
我居然是个超级宇宙无敌路痴王，
对这样的我来说，导航仪可以算得上是一束希望之光吧。
但是由于对导航仪实在太过依赖，
以致要是没有了导航仪，
我会变得比以前更找不到路。
不久前我的好朋友南毛君去度假，
将我的导航仪借去用了几天，
就那么几天日子，我在每天必走的路上
都能瞎转悠半晌。
分明找得到的路，
我却怎么也找不到了，像个傻瓜似的呆呆地不知所措，
导航仪肯定是我人生中最棒的电子产品，
但由于对它的过分依赖，才使我沦落到了这步田地。

我们在人生的旅途中最
容易掉进的陷阱之一，
就是因周围的帮助
而丧失了自己的判断力。

当然接受别人的帮助并不是什么坏事，
这是值得感激和感谢的事情，
因为有这些帮助，我们才不会在辛苦的人生旅途中迷失方向，
才能顺着正常的轨道前行。
只不过问题在于我们会对这些帮助变得太过熟悉，
不知不觉间就变成了过分地依赖，
然后，毫无想法地跟着它一路走下去。

熟悉别人的帮助，
单凭他人的帮助来完成自己的旅途，
这是件令人感到极其**不安的事情。**
虽然刚开始会甜甜蜜蜜幸福美满，
但最终却很容易迷失自己的方向，
而且你一辈子所获得的帮助
那个量不会都是均等的。

偶尔也要查看一下“自己”的路，
感激地接受别人的帮助，
但不要让这些帮助来决定你的全部。

若是迷失了“你的方向”，
你的人生很可能会走向
你并不想去的那个地方。

笑容07

总会有办法的

小时候有一段时期
做过各种各样的兼职。

在兼职打工的人群
中总会最先完成工
作的大哥。

经常是其他人才分发了
一半的时候，那位大哥
就已经都分发完了。

一直以来，方法都是显而易见、浅显易懂的……

ALWAYS SMILE……

不要遗失
笑容

逗人发笑这件事情看似简单，实则很难，
每增加一岁，人们就会丧失一点笑容。
当脑子里装进越来越多的经验和知识的时候，
笑容的位置就会被挤得越来越小，
其实往往只要笑一笑就可以的，但却笑不出来。

长大成人，
这话听起来就如同长大的代价就是笑容越来越少一样，
真是有那么点悲伤啊！
能够笑出来真的是一件很棒的事情，
能够在极度不愿意上班的星期一早晨微笑，
即便看到在极度危险的状况下硬挤到我前面的车，
也不会出口成脏，
或是在忙得晕头转向的日子里也依然能够笑出来，
这真的是一件很棒的事情。
在面对那些时间出奇吻合在一起的一桩桩倒霉事情时，
还保持微笑，真的是一件很棒，不，是很酷的事情。

有一位笑星曾经说过这样一句流行语吧?
"你是会笑的人吗?"
这话真的很搞笑,
但也会让人心里一惊。
如果任何时候都不错失笑容,
那么我们会比现在生活得开心几百倍。
怀揣着这样的想法,
心里就会有种阴影消散的感觉,
虽然不知道这种感觉会一直延续到什么时候,
只希望不要忘记,能继续秉持这样的想法才好。

你,
不要遗失笑容,时刻保持微笑。

笑容08

鳗鱼寿司侠

几天前，大晚上的（我也是没办法），我买来超市的寿司吃来着……

↘ 周围没有可以吃饭的地方！

正吃着鳗鱼寿司的时候，
鱼刺卡到了我的嘴唇上！

这个……相信大家也都知道，鳗鱼刺也没什么危险系数。
因为这样想，我就回家了，
就是感觉卡刺的地方有点火辣辣。
回家一照镜子……抖抖抖

下嘴唇内侧肿了得有
大拇指那么大的一块！呃！
我正琢磨着大晚上的，
“难道要去医院？”
就自己稍微做了点处理，
然后就开始画画了……（-_-）
当时的想法是，如果第二天还这样就去医院！

画着画着就开始狂笑了！
被鳗鱼寿司的刺卡到（参考蜘蛛侠）
成为了拥有“鳗鱼力量”（一_一）的超级英雄！
我一想到这些……就“嘿嘿嘿”地笑起来。

“鳗鱼寿司侠？
还真是个丢人的英雄啊！”

笑容 09 不过如此的想法

最近的我一点都不“激动”。

又称“不过如此”的想法！

这个……“不过如此”的想法呢，

也可能是因为不久前发生的“光溜溜圆形脱发”的关系。

也可能是因为乏力的“春天”

“不过如此的想法”就这么多刚刚好。
再严重下去就会引发“不过如此症候群”，
还可能会产生热情蒸发症状
和变成逃避鬼的避难所！

笑容 10

排除故障的衰鬼+售后服务症候群

从一个月前开始，车子总会发出些奇怪的声音，
我就去了趟维修中心……

倒是没有出现症状！-_-̀

其他的电子产品也都出现了故障（手机、导航仪、旧的CD机等等），
交给售后服务中心后就又正常了……

这比完全坏掉还让人上火！！-_-̀

而且等售后服务的免费保修期过了之后就立刻出故障……

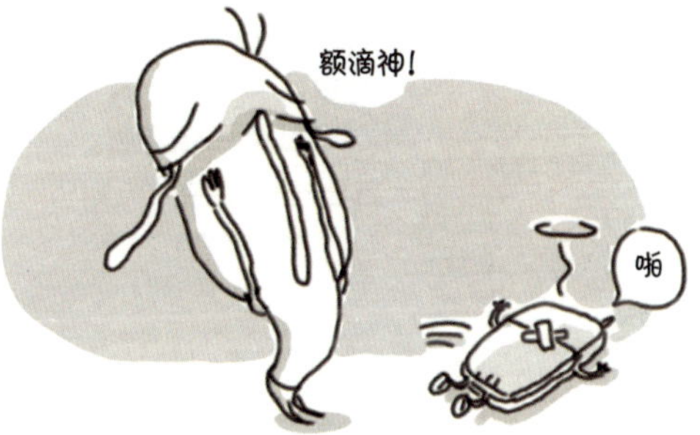

笑容 11

痛并搞笑着

啊啊啊！
喷嚏就快要打出来的那一刻，
嚏！
椅子往后倾斜了，
摇晃
为了不让身子倒下去，
正要往前倾的那一刻，
喷嚏爆发！
头往后
身体往前！
分离
哎呀！
阿嚏……
一瞬间脖子后面
受到了极大的刺激……
笑了之后就更痛了……
嘿嘿嘿……
有超过一周的时间不能转动脖子。
HOT
嘿嘿嘿……
痛归痛，
但我转念一想，
确实挺搞笑的，嘿嘿……
就算我在笑～
也不是真的在笑……

笑容 12

自控失败者

去吃南毛君请的生日大餐（当做是礼物），
在吃自助餐的时候果然还是自控失败，

只不过才吃了一点而已……就已经是饱和状态了。

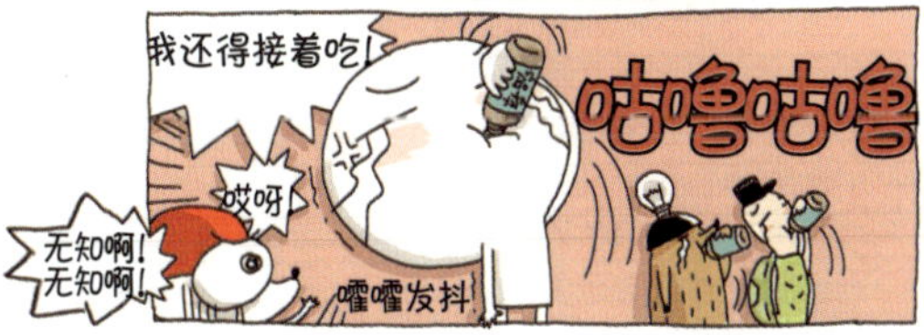

开始狂灌消化药剂！ー_ー b

笑容13

好奇怪

从很久以前就想要学习钢琴了，

有一次为了打听一下，就给培训班打了电话……

笑容 14

畏手畏脚的代价

在美发店里剪头发的时候……

即便是不合心意，
也无法说出口，就只能一走了之。

“请不要勉强说没关系！
会憋出病来的！”ㄎㄧ

笑容15 这该死的畏手畏脚

星期六的晚上，我在办公室工作到一半，
跑去外面买点饮料（顺带兜兜风），差点就撞到了
从人行横道上忽然冲出来的摩托车。

虽然好不容易避开了被车撞到的危险，
但却没能避免“自己跌倒”。

但是，
跌倒之后，
人们的视线就……
而且是变绿灯之后，
从街对面
走过来的人！

我就以惊人的速度离开了现场！

笑容16

还是一样

在整理日记的过程中，
我才发现，原来也曾发生过
很多好事情和不错的事情。

对开心喜悦的事情极其吝啬，却用所有的感觉去面对坏事情，到处咋呼，
就好像整个世界都要坍塌一般的生气！

要承受就得一起承受，之前有些想法是错误的，
首先我应该找回之前遗忘的笑容，
从现在起找回平衡状态。

平衡，

找准人生的平衡，找准人生的重心

平衡[名词]：不会倾斜或倚重于
任何一方的均衡状态，权衡。

按照字典上的解释，
不偏向于任何一方，找准事物的重心，
就是找到了**事情的平衡点。**
虽然这事看起来非常困难，但其实又是出人意料的简单，
如果我所做的事情让我觉得并不幸福，
那就代表着已经打破了平衡，
就算赚再多钱也不会开心，
因为重心已然完全倾向了一方。
但是即便很辛苦还依然快乐，
即便现在没有钱依然非常幸福，
那就是达到了平衡的状态。
如果能够**很好地维持这份平衡，**
自然而然，辛苦的日子就会变得越来越少，
经济上的问题也会渐渐得到改善。

笑容 17

松松软软

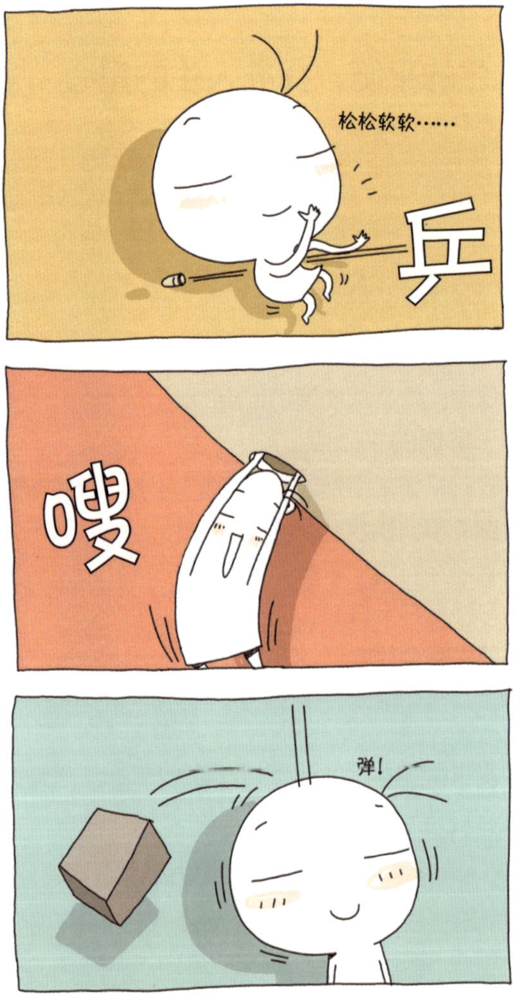

让想法变得更加松软有弹性，就会受到更少的伤害。

变柔，
用柔软的“柔”字没错吧？

年龄每长一岁，
就越难变柔一点。

要更加悠然地去观望，要更加惬意地去呼吸，
要更加自由地去思考，要更加宽容地去理解。
虽然已经下定决心，但在现实生活中却不易做到。

就算达不到我们常说的鸿毛或是云朵那么轻的境界，
只要**按照我们自己身体的重量**来生活就已经很好了。
可是大家的心却比这份重量要重上几倍，甚至几百倍，
看来地球是足够坚硬了，
因为这么多重量级的人都在压着她，她还纹丝不动。

让**思想变得松软有弹性**，
这样一来，面对窄到无法进入的缝隙，
我们也能慢慢地滑入，
受到的伤害会更少，伤痛也更轻，
若是年纪越来越长，而这份心的重量却未能减轻，
到那时，我们就很可能会坠入更深的低谷了。

笑容 18

幸福的线

微笑是将心底那根幸福的线给抽离出来，
用这根幸福的线来串联我人生的每一个片段，
这些形形色色的碎片凝聚成一片更大的幸福，
装饰我的人生。

和别人不一样的颜色，
和别人不一样的花纹，
和别人不一样的幸福，
这所有的一切都源自于你的
一个小小的微笑！
来！！笑起来吧！

^o^

笑容19

钢笔和手册的悬疑案

经常弄丢钢笔和手册的Pery。

真的！“分明”就是放在那里的，仔细找来却没有了！

陷入癫狂状态的Pery！

啊！钢笔和手册的悬疑案真的是……

笑容 20

幸运

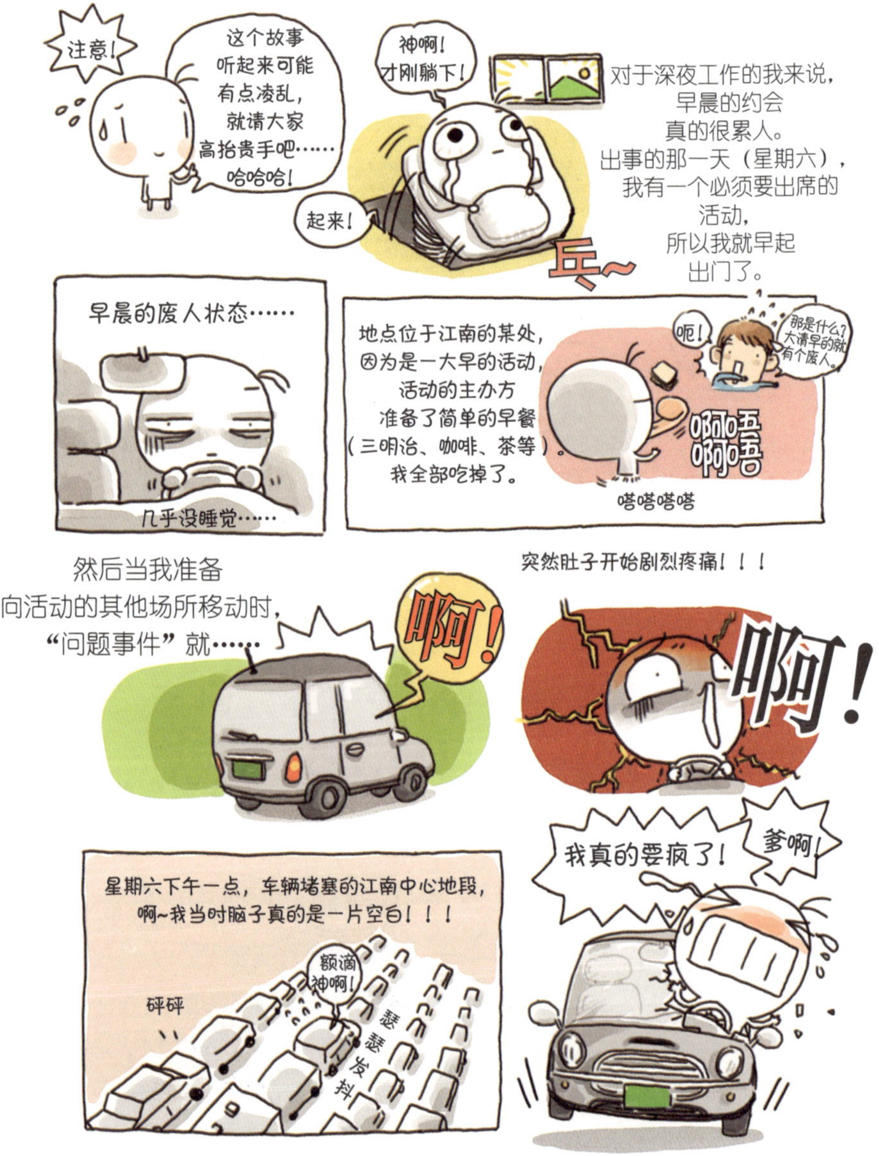

注意！
这个故事听起来可能有点凌乱，就请大家高抬贵手吧……哈哈哈！
神啊！才刚躺下！
起来！
乓~
对于深夜工作的我来说，早晨的约会真的很累人。
出事的那一天（星期六），我有一个必须要出席的活动，所以我就早起出门了。
早晨的废人状态……
几乎没睡觉……
地点位于江南的某处，因为是一大早的活动，活动的主办方准备了简单的早餐（三明治、咖啡、茶等）。我全部吃掉了。
呃！
那是什么？大清早的就有个废人。
啊唔啊唔
嗒嗒嗒嗒
然后当我准备向活动的其他场所移动时，“问题事件”就……
啊！
突然肚子开始剧烈疼痛！！！
啊！
星期六下午一点，车辆堵塞的江南中心地段，啊~我当时脑子真的是一片空白！！！
额滴神啊！
砰砰
瑟瑟发抖
我真的要疯了！
爹啊！

就在这时！一件奇迹般的事情发生了！
堵得快不行的车道突然间就顺畅起来了有木有！

晕头转向地从小道飞了出来，
在停车的地方……就跟约好了似的……
（那个地方的方位我一概不知，就只是随便把车子停了下来。）

那天我遇到了比中彩票
还人的幸运。
“这个嘛，我只要拉X就好，
彩票要不归你？”
当然也有人会这样问，
我是真的不要那彩票的
（就算不去想，手都还在瑟瑟发抖）。
由于表达能力不够，
那天的紧迫感似乎没有完全表述出来，
在那短暂的一刻，我的人生真就像走马灯
一样在我脑海中闪过。

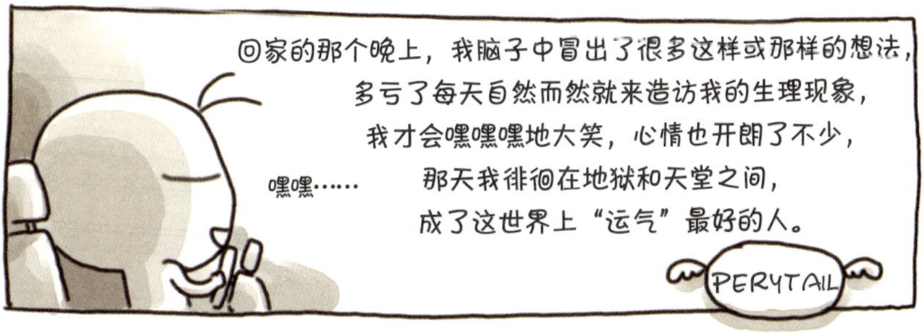

概率

和我一起工作的一位朋友——南毛君，
我们在小学五年级的时候第一次相遇，
在同一个公寓里住了二十几年，
我们毕业于同一所小学、同一所初中和同一所高中，
还上了同一所美术学院，
因为我们长期居住的那栋公寓需要重新开发而被拆迁，
我因此搬去了京畿道光州，
因为我们在一起工作，
所以每天都会一如既往地通电话，也会经常碰面。
（其实并不是每天都上班的，
但是会在工作室里认真地工作。）

2006年4月26日的晚上，
因为我有约在身，所以去了一趟睽违多年的大学，
然后在开车回来的路上遇到了南毛君。
我们之前并没有约好，
相互之间也都没有说过要去哪里，
只不过是在回家的路上偶然碰见的。
我在双向四车道的路上开着车，因为红灯而停在半路，
转头就发现身旁并排停着的那辆车看起来非常眼熟，

那正是南毛君的车！
我们非常惊讶，也异常开心，于是将车停在了附近，
聊了好一阵子，才各自回家。

那个时间点，有那么多条路，
正好是那个红灯，正好就是旁边的车道！

发生这种事情的**概率**究竟有多少？
在我们的生活中，
是否曾多次遇到这样的情况呢？
这种概率可是很难被精准地计算出来啊。

在30多年的时间里，那些邂逅过无数次的难以理解的概率……
在茫茫人海中接踵而至的缘份……
找到或是发现希望的概率总是很低。
就因为产生的概率极低，
所以有一些人会觉得根本不会发生在自己身上
而干脆直接放弃，
当然也有一些好“运”的人，
日复一日地在偶然中发现希望。
那些人真的就只是“运气”好吗？

发现四叶草的人，发现三叶草的人，
这真的就只是概率的问题吗？

什么样的偶然会带给你幸福呢？
什么样的概率会带给你幸福呢？

笑容 21

不失笑容的人们

不失笑容和玩笑的人们，

就算盖着黑色的被子也会做着蓝色的梦。

所有的“开始”也都是“结束”，希望既是开始又是结束

只要拥有就随时都是开始，只要放手就随时都是结束，
所以希望既是最为光明的，同样也是最为黑暗的。

相信大家也很清楚，这些故事并不是在讲述
什么绝对的答案，也并非在诉说什么正确旅途的目的地，
这只不过是我在人生旅途中所感受到的，
但是这些小小的故事给我带来了极大的变化，
帮助我继续了这段原本打算就此停步的人生旅途。

希望你在看这本书的过程中，
能够感受到温暖的希望、闪耀的爱情、
积极的梦想、虽渺小却饱含真心的微笑，
哪怕能感受到一瞬间也好。
就像电影《肖申克的救赎》中安迪对瑞德所说的那样，
希望真的是件很美好的事情，我希望你也能这么想。

所以如果有人问你“你幸福吗？”的时候，
我希望你的脑中不会一片空白。

希望这本书能够带给你幸福，
我将这段从2002年夏天到2009年冬天
都未曾停歇的故事送给你。
“你和我，不要停下来！”

PERYTAIL 宪载

不要停下来！我们……